趣说 京都澡堂习俗

［日］大武千明 著

王丹阳 译

北 京 出 版 集 团
北京美术摄影出版社

前言

* 注：“钱汤”是一种日本特有的公共澡堂。

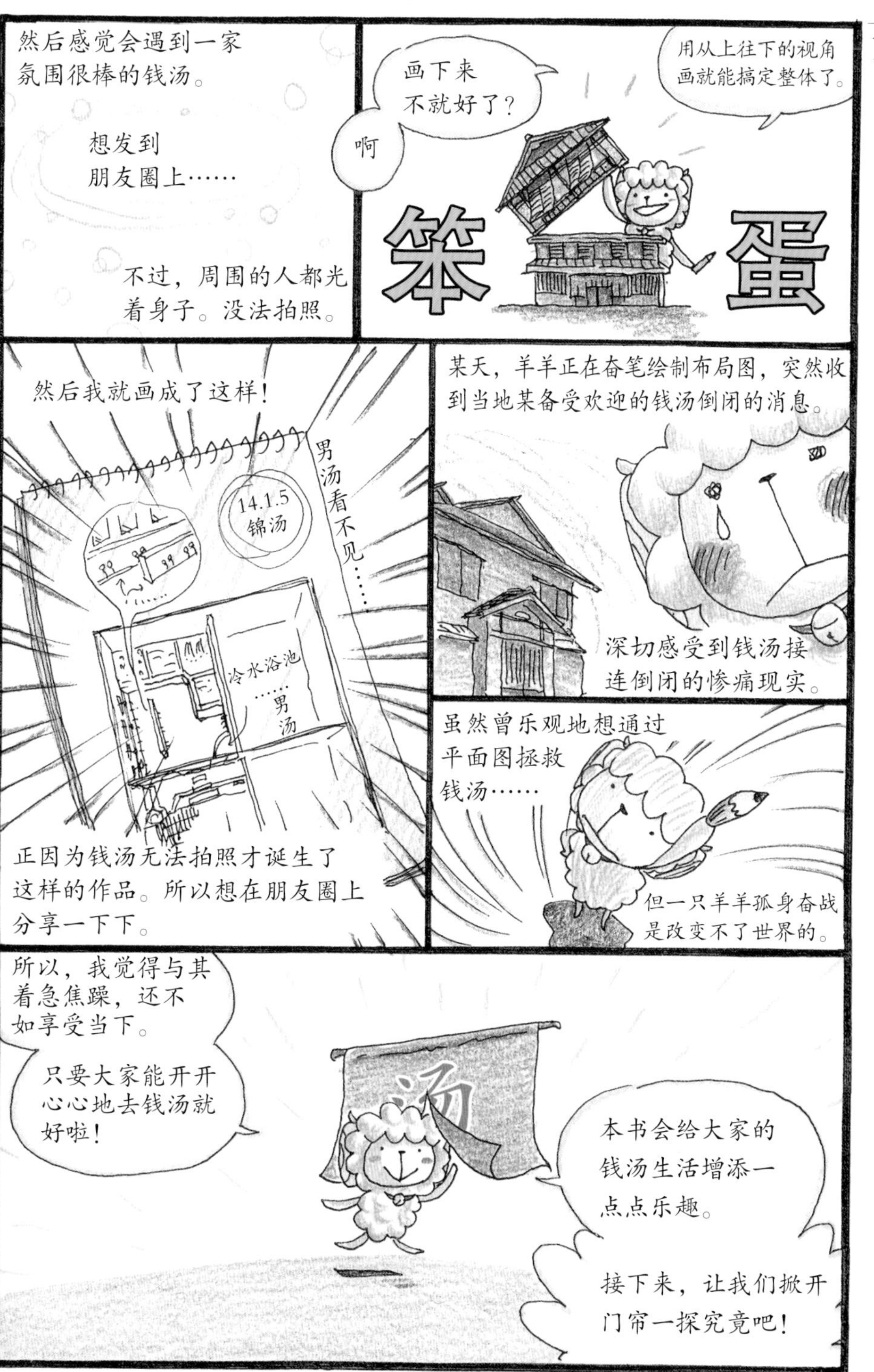
然后感觉会遇到一家氛围很棒的钱汤。
想发到朋友圈上……
不过，周围的人都光着身子。没法拍照。
啊
画下来不就好了？
用从上往下的视角画就能搞定整体了。
笨蛋
然后我就画成了这样！
14.1.5
锦汤
男汤看不见……
冷水浴池
……男汤
正因为钱汤无法拍照才诞生了这样的作品。所以想在朋友圈上分享一下下。
某天，羊羊正在奋笔绘制布局图，突然收到当地某备受欢迎的钱汤倒闭的消息。
深切感受到钱汤接连倒闭的惨痛现实。
虽然曾乐观地想通过平面图拯救钱汤……
但一只羊羊孤身奋战是改变不了世界的。
所以，我觉得与其着急焦躁，还不如享受当下。
只要大家能开开心心地去钱汤就好啦！
汤
本书会给大家的钱汤生活增添一点点乐趣。
接下来，让我们掀开门帘一探究竟吧！

目录

京都钱汤地图 …… 5
羊羊来告诉你！与钱汤初次相遇 …… 6

第一章 怀旧风满满的京都钱汤 …… 7
芋松温泉 ① …… 8
柳汤 ② …… 14
锦汤 ③ …… 20
〔专栏〕京都钱汤的篮子文化 …… 26

第二章 花街的钱汤 …… 27
岛原温泉 ④ …… 28
大黑汤 ⑤ …… 34
〔专栏〕溢满浴池的优质地下水 …… 40

第三章 可以观赏瓷砖的钱汤 …… 41
别府汤 ⑥ …… 42
源汤 ⑦ …… 48
船冈温泉 ⑧ …… 54
〔专栏〕旧泉汤的瓷砖画 …… 60

第四章 浴池比较有特色的钱汤 …… 61
鸭川汤 ⑨ …… 62
宝温泉 ⑩ …… 68
明治汤 ⑪ …… 74
〔专栏〕萨拉萨西阵咖啡厅 …… 80

第五章 个性满满的！可以偶遇小动物的钱汤 …… 81
樱汤（河原町丸太町） ⑫ …… 82
松叶汤 ⑬ …… 88
〔专栏〕京都钱汤艺术节 …… 94

第六章 当代钱汤 …… 95
平安汤 ⑭ …… 96
玉之汤 ⑮ …… 102
樱汤（上七轩） ⑯ …… 108
桑拿梅汤 ⑰ …… 11

钱汤物品清单 …… 12
后记 …… 12

※本书内容为截至平成二十八年（2016年）1月的情况，目录中的数字标号可以在对页地图中查找位置。

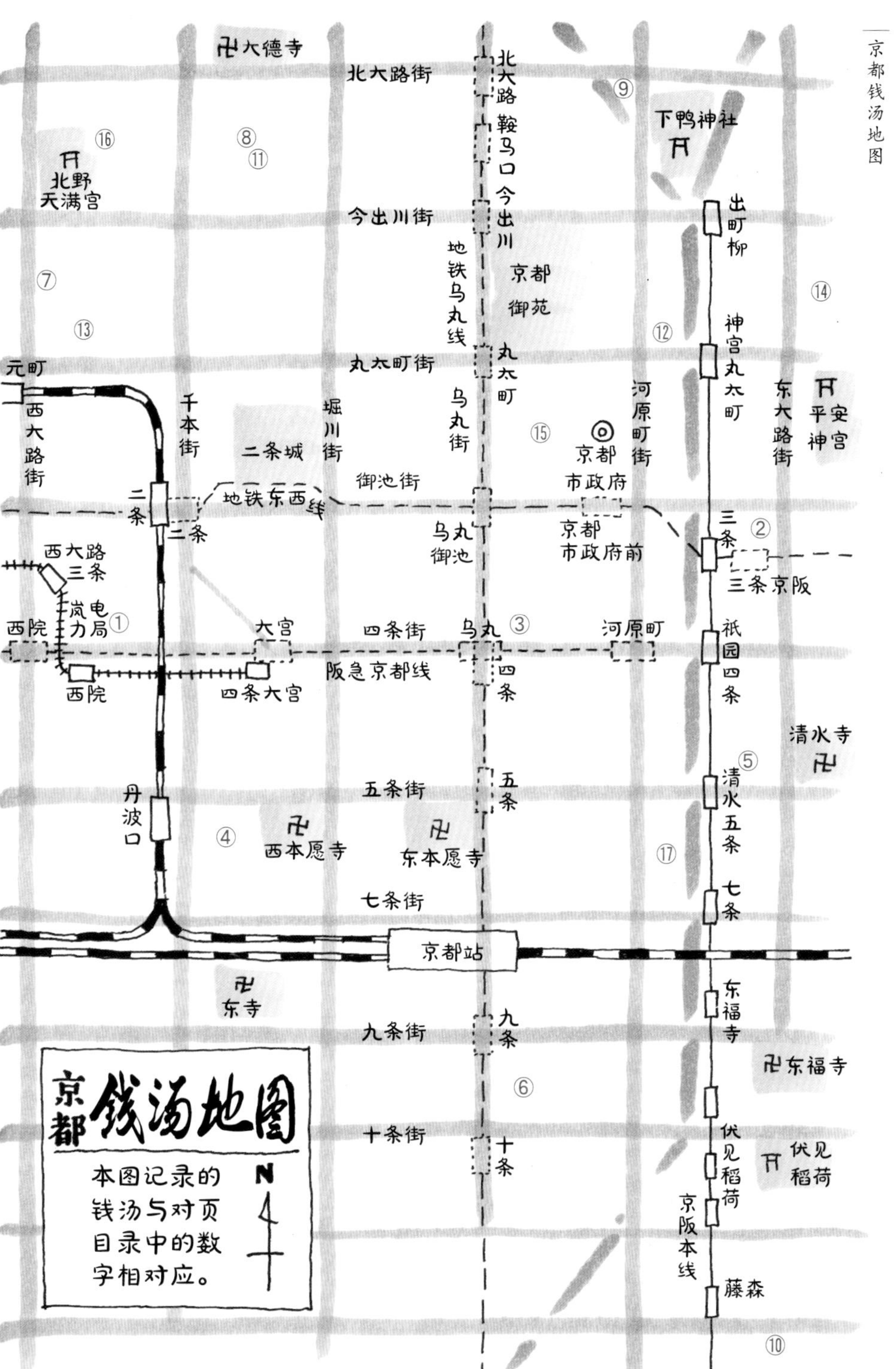

卍大德寺
北大路街
北大路
鞍马口
今出川
⑨
下鸭神社
⑯
北野天满宫
⑧
⑪
今出川街
出町柳
地铁乌丸线
京都御苑
⑦
⑬
⑫
⑭
神宫丸太町
元町
丸太町街
丸太町
西大路街
千本街
堀川街
乌丸街
河原町街
东大路街
平安神宫
二条城
⑮
京都市政府
二条
地铁东西线
御池街
乌丸御池
京都市政府前
三条
②
西大路三条
三条京阪
岚电力局
①
西院
大宫
四条街
乌丸
③
河原町
祇园四条
四条大宫
阪急京都线
四条
清水寺
⑤
五条街
五条
清水五条
丹波口
④
西本愿寺
东本愿寺
⑰
七条街
七条
京都站
东寺
东福寺
九条街
九条
⑥
十条街
十条
伏见稻荷
京阪本线
藤森
⑩
京都钱汤地图
本图记录的钱汤与对页目录中的数字相对应。
N

羊羊来告诉你！与钱汤初次相遇

下面给初次泡汤的各位介绍一下钱汤的日常和礼仪。考虑到周围人的感受是很重要的哦！

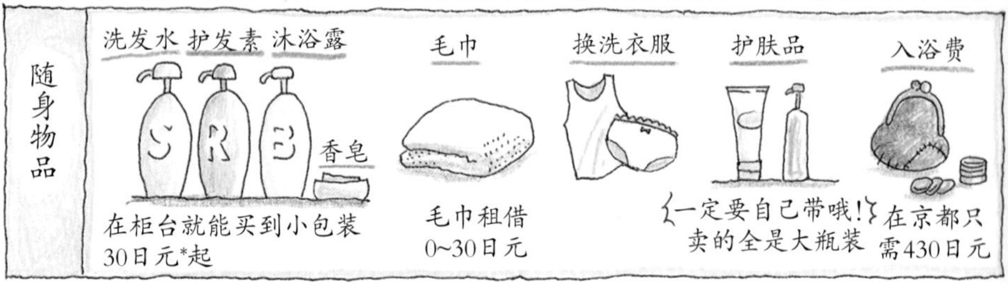

随身物品	洗发水 护发素 沐浴露 / 香皂	毛巾	换洗衣服	护肤品	入浴费
	在柜台就能买到小包装 30日元*起	毛巾租借 0~30日元	一定要自己带哦！卖的全是大瓶装		在京都只需430日元

*注：以2022年的汇率标准，1日元≈0.05元人民币。

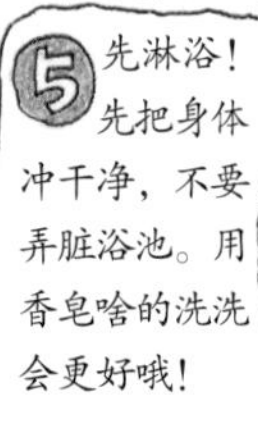

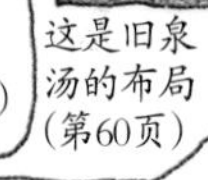

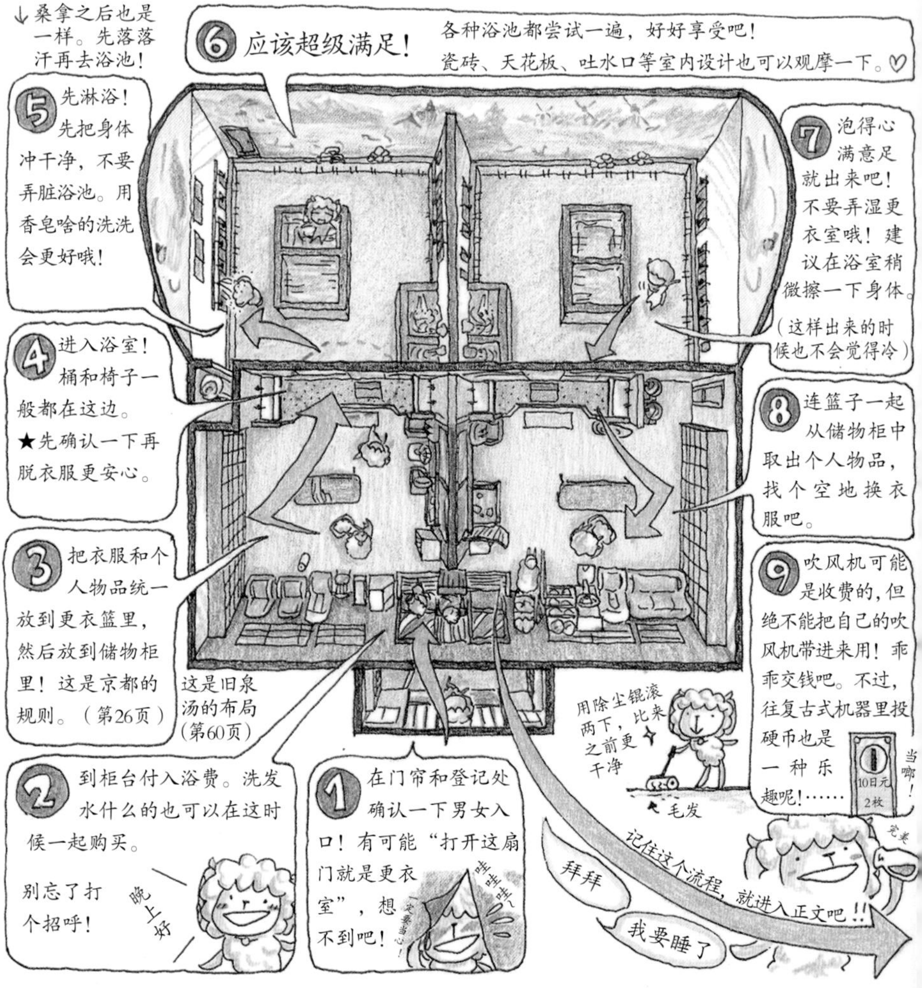

①在门帘和登记处确认一下男女入口！有可能“打开这扇门就是更衣室”，想不到吧！

②到柜台付入浴费。洗发水什么的也可以在这时候一起购买。

别忘了打个招呼！

③把衣服和个人物品统一放到更衣篮里，然后放到储物柜里！这是京都的规则。（第26页）

这是旧泉汤的布局（第60页）

④进入浴室！桶和椅子一般都在这边。★先确认一下再脱衣服更安心。

⑤先淋浴！先把身体冲干净，不要弄脏浴池。用香皂啥的洗洗会更好哦！

↓桑拿之后也是一样。先落落汗再去浴池！

⑥应该超级满足！各种浴池都尝试一遍，好好享受吧！瓷砖、天花板、吐水口等室内设计也可以观摩一下。♡

⑦泡得心满意足就出来吧！不要弄湿更衣室哦！建议在浴室稍微擦一下身体。（这样出来的时候也不会觉得冷）

⑧连篮子一起从储物柜中取出个人物品，找个空地换衣服吧。

⑨吹风机可能是收费的，但绝不能把自己的吹风机带进来用！乖乖交钱吧。不过，往复古式机器里投硬币也是一种乐趣呢！……

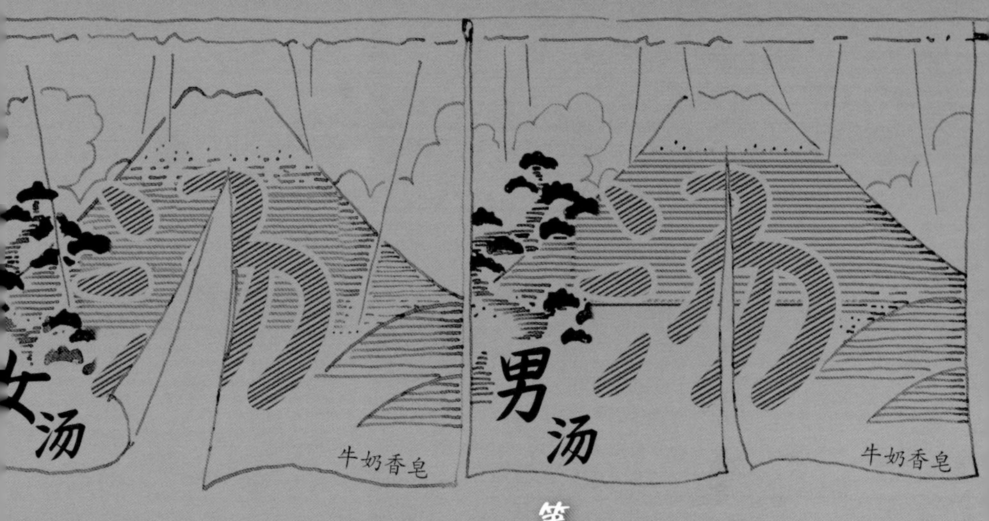

第一章 怀旧风满满的京都钱汤

虽然都叫钱汤，
但是每个地区的特色不尽相同。
在京都建成的钱汤，
究竟是什么样的呢？

芋松温泉

~华美唐破风*古风钱汤~

IMOMATSU-ONSEN

在静谧的住宅街上发现一根大烟囱，前去一探究竟……一栋华美的唐破风建筑浮现在眼前。这种令人激动的感觉，宛如在彩虹脚下找到了沉睡的宝贝一般！这里是芋松温泉。老板和老板娘于昭和五十七年（1982 年）搬到京都，买了这栋房子。从那之后，没实施大的改建工程，只是哪里坏了修哪里，就这样经营至今。

所以，时至今日，它依然保留着浓郁的旧时钱汤气息。让人印象尤为深刻的是被称为“唐破风”的屋顶装饰，优美的曲面和鲜艳的草绿色令人沉醉。

老板的策略是“不花无用钱”。能以多得快溢出来的热水迎接客人，也是这种努力经营的成果。让老板娘最开心的莫过于客人在浴池中有“像温泉”一样愉悦的体验。

让我们探索一下如此厉害的夫妻俩自在经营的芋松温泉吧！

*注：唐破风是“破风”的一种，破风由古代中国传入日本。唐破风是日本传统建筑中常见的正门屋顶装饰部件。

外观

以唐破风为代表，京都风特色满满！

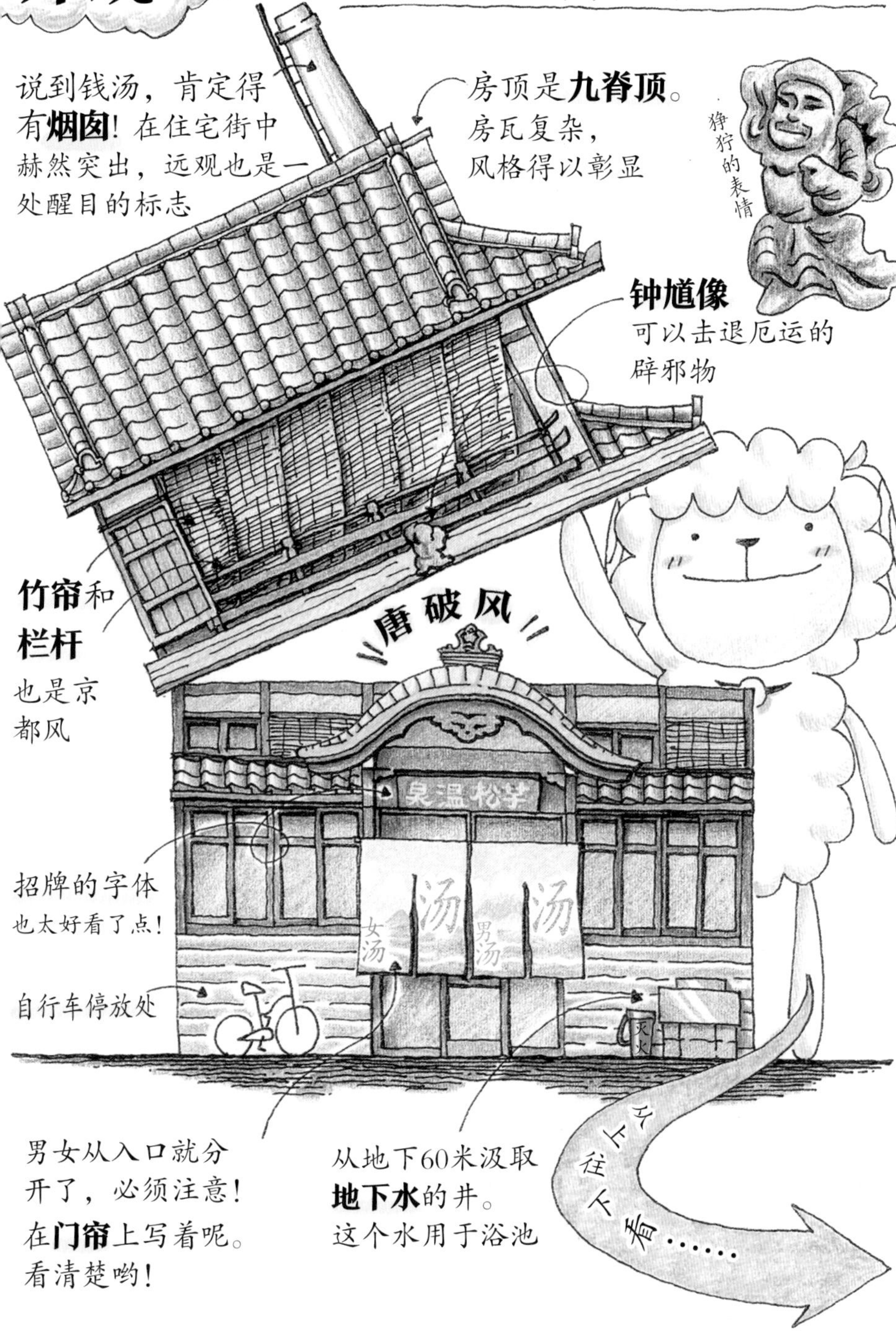

说到钱汤，肯定得有**烟囱**！在住宅街中赫然突出，远观也是一处醒目的标志

房顶是**九脊顶**。房瓦复杂，风格得以彰显

狰狞的表情

钟馗像
可以击退厄运的辟邪物

竹帘和**栏杆**也是京都风

唐破风

芋松温泉

招牌的字体也太好看了点！

汤
汤
女汤
男汤

自行车停放处

灭火

男女从入口就分开了，必须注意！在**门帘**上写着呢。看清楚哟！

从地下60米汲取**地下水**的井。这个水用于浴池

从上往下看……

布局

男女间有微妙的差异，比较一下很有趣！不管男汤还是女汤，用于分隔更衣室和浴室的曲面壁都是设计亮点。

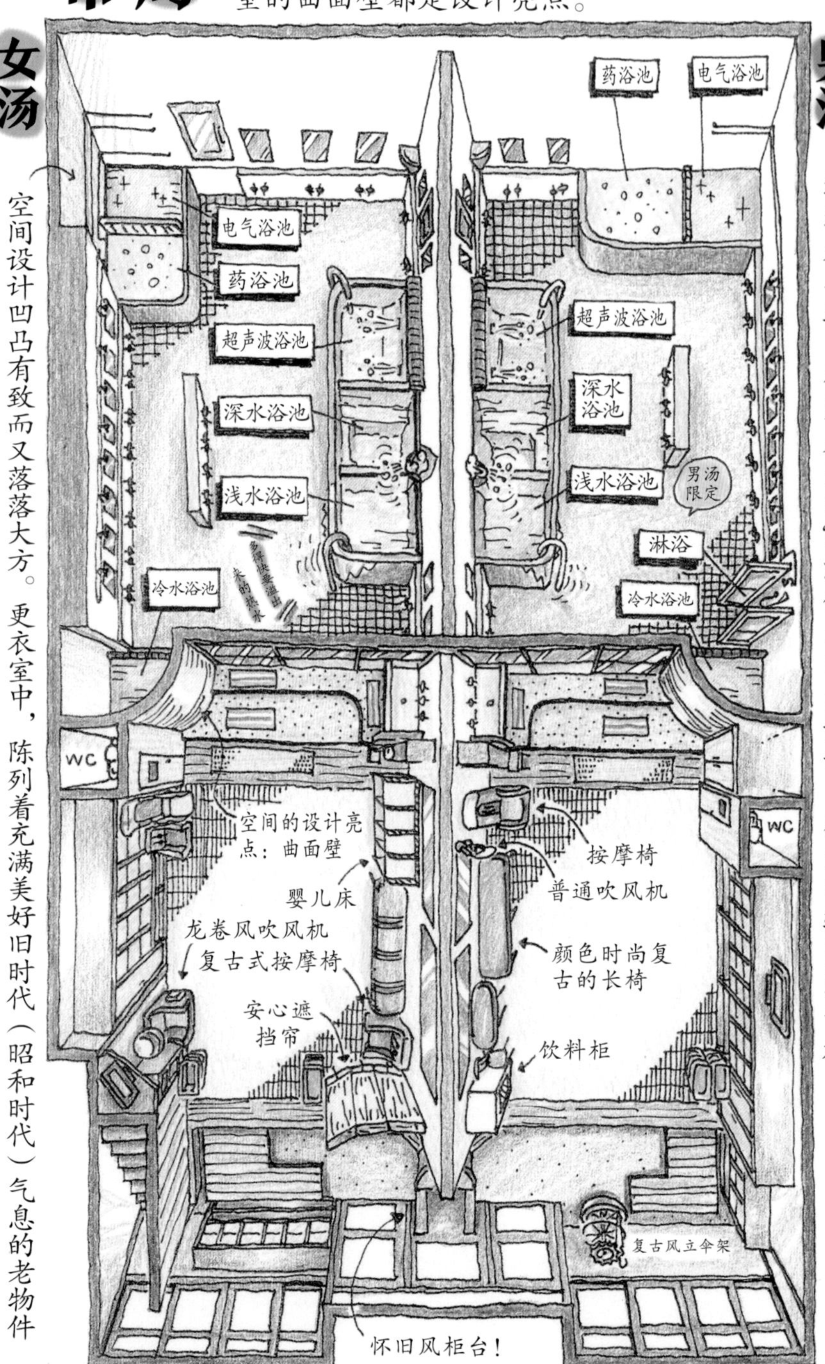

更衣室（女汤）

窗帘另一侧是秘密的楼梯？心怦怦直跳

不要偷窥哦

从天窗透过一缕缕自然光

体积小但存在感十足的电视机

龙卷风吹风机

复古式按摩椅

悬吊式健身器材

醉了醉了……

从已经倒闭的钱汤那里搬来的鞋柜。也是巧了，竟然和储物柜风格相同！

营业了几十年的储物柜。感觉被保护得很好

美丽的曲面壁

曲面壁这边和那边

浴室一侧是冷水浴池。一个圆弧形设计的奢侈空间

小心晕池

去往浴室

狮子君

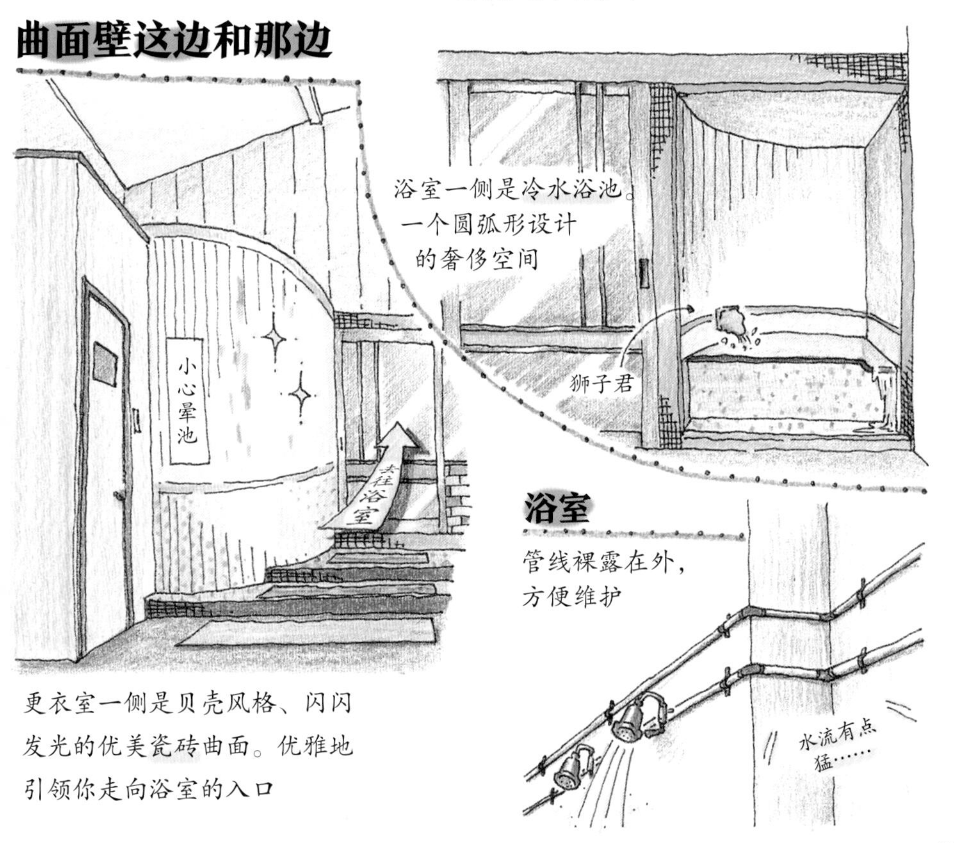

更衣室一侧是贝壳风格、闪闪发光的优美瓷砖曲面。优雅地引领你走向浴室的入口

浴室

管线裸露在外，方便维护

水流有点猛……

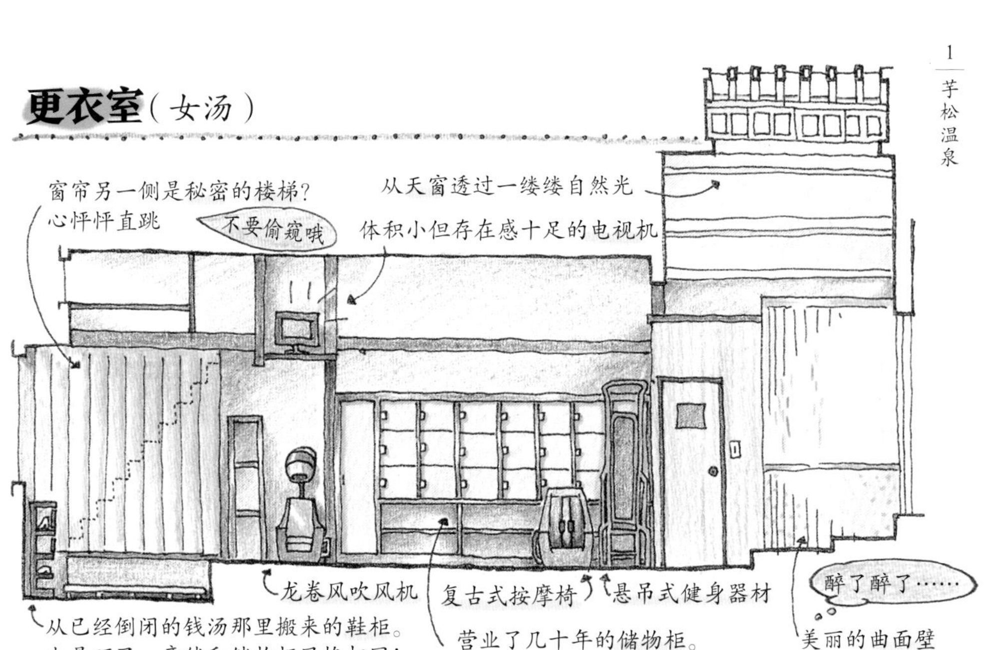

满满都是热水，奢侈的泡澡！

深水浴池

坐着不舒服就站着，选个自己喜欢的姿势。

或是舒展一下跟腱……

鱼和少年

鱼在吐热水

浅水浴池

简单最重要！这样才够爽～

超声波浴池（气泡SPA）

正好贴合人体的造型，可以随意躺卧。没想到还有背部按摩功能，不由得幸福地舒了口气。

药浴池

入浴剂每天更换，超多花样等着你。品种也很多哦！

葡萄酒

茉莉花

玉露

……

电气浴池

隔断竟然是**玻璃块！**好有情调！

芋松温泉

营业时间	15:00—23:00
定休日	星期五
地址	京都市中京区壬生森町 40-9
电话号码	075-811-4623
停车位	无
创业	1982 年（昭和五十七年）
建筑	1939 年（昭和十四年）

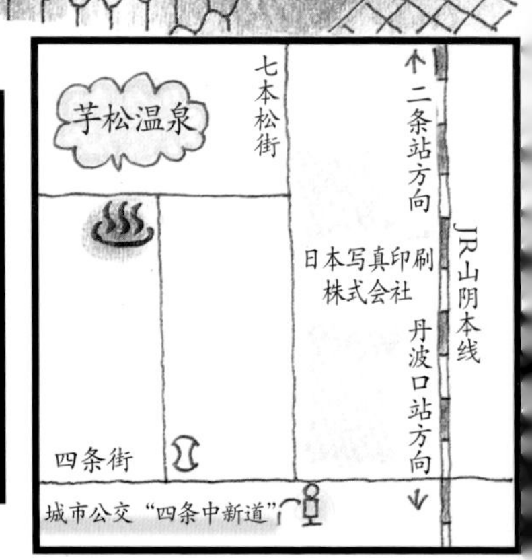

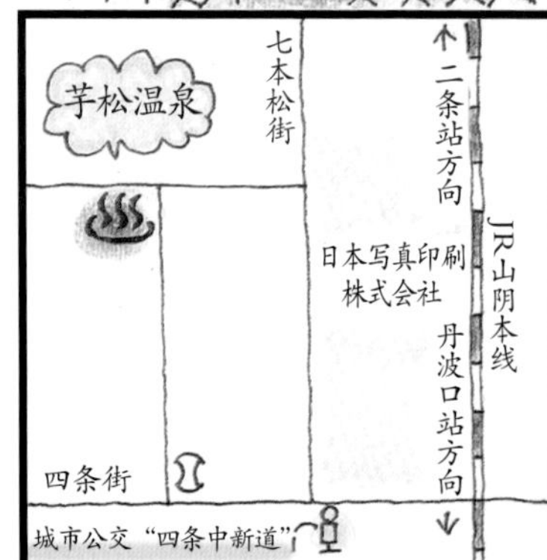

羊羊版 芋松温泉体验法

路上就开始兴奋。
对大烟囱心驰神往。

丁零丁零丁零

哇！看到了！

然后出现在眼前的，
就是这个外形！

当当当当

芋松温泉

累死了

平复一下激动的心情往里走。

在柜台跟老板or
老板娘小聊几句。

老板在男汤那边

受到热情
招待真开心。

赶紧脱光去浴池！
洗个澡，从温水开始泡起。

怕烫哦

玻璃块好可爱……

药浴池

水温最低，适
合初泡！
而且超级舒服！

超级幸福……

气泡浴池

咕噜噜

好烫

深水浴池

比较烫，所以一开
始先放脚，悠着点来。

爬上来回到更衣室，
眼睛就离不开这面墙了。

贝壳形状，
光彩夺目

好精致呀

平缓的
圆弧

都没法专心换衣服！

然后，女汤的吹风机是这个!!

龙卷风
吹风机
3分钟
20日元

轰隆隆

★男汤是普通吹风机

吹完以后头发也变
成了龙卷风的形状。
希望别碰到熟人，
赶紧回家。

奓毛啦！

柳汤

~古香古色的典雅中流露出一点点精致~

YANAGI-YU

从三条京阪站往北再往东。当车站周边的喧嚣消失，裸灯泡释放出温暖光芒的柳汤出现在眼前。昭和六年（1931 年）建成之初的样子依然保留未变，随着时间沉淀，古典气息越发厚重的外观十分夺人眼球。浴室中你会看见螃蟹君瓷砖之类，都是那个年代独一无二的可爱审美。

老板会低调地说："就是老了点，看到实物会失望的"（苦笑），但其实，这正是他和弟弟两个人哪儿坏修哪儿一路精心维护而来的成果。

不如在昭和气息如此浓重的柳汤，体验一下时空穿越的感觉吧！

布局

男女左右正好对称。设计超级简单，我感觉过去这种钱汤绝对是设计模板。

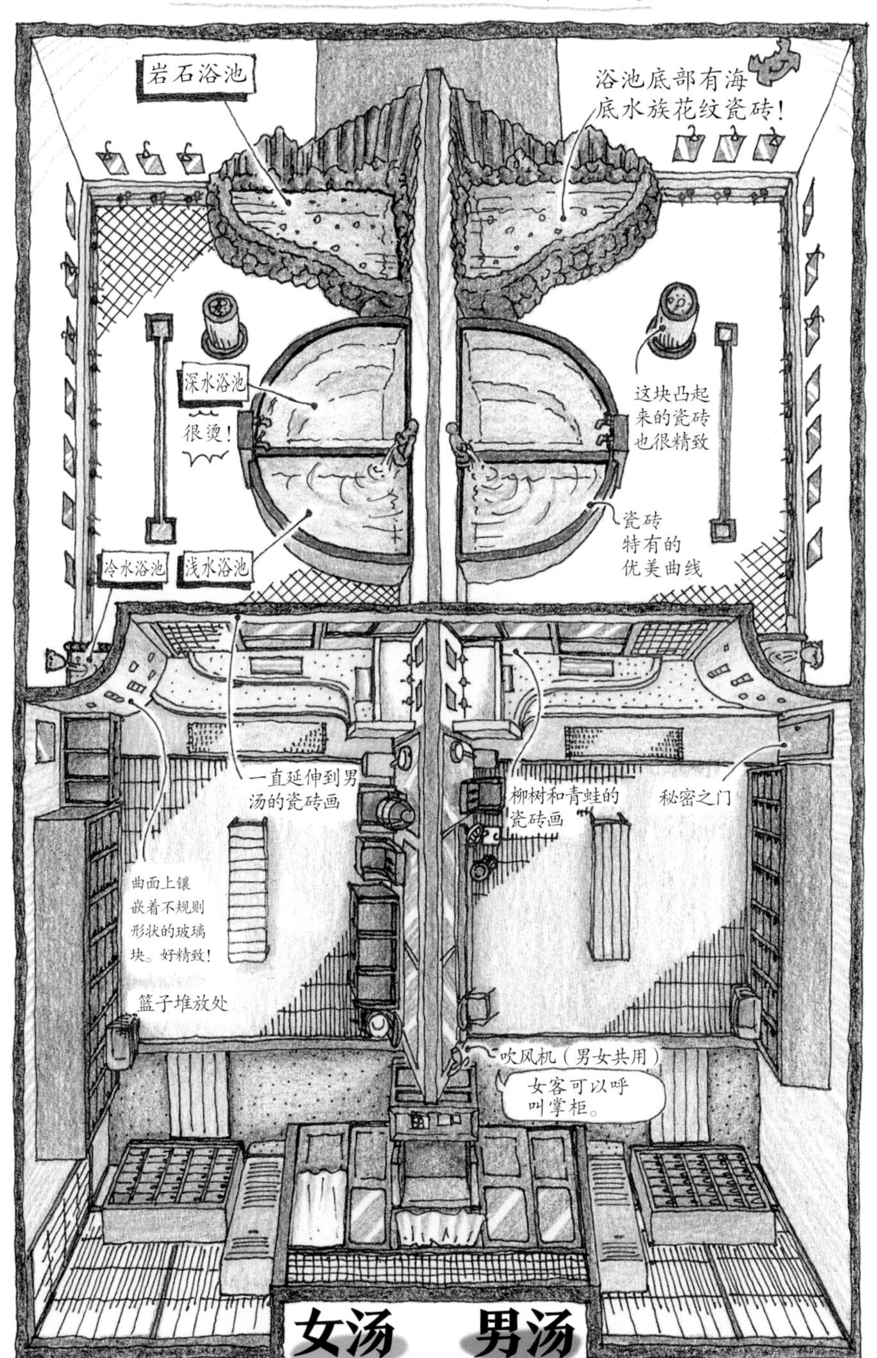

内景

从柜台进入更衣室。

五颜六色的马赛克瓷砖
平安神宫风景
木质的婴儿床。
很有一番味道
马赛克瓷砖画，
画的是柳树。
外侧的墙壁也
是瓷砖画
破旧的龙
卷 风 吹
风机

复古式
按摩椅
玻璃块墙壁。
既能遮挡视线
还能透光，闪
闪发亮
点缀曲面壁的
玻璃块真的
好精致！
1
2
3
4
5
6
7
8

浴池

虽然浴池数量不多，而且设计简单，但可以感受到每个浴池都有独特的风格。

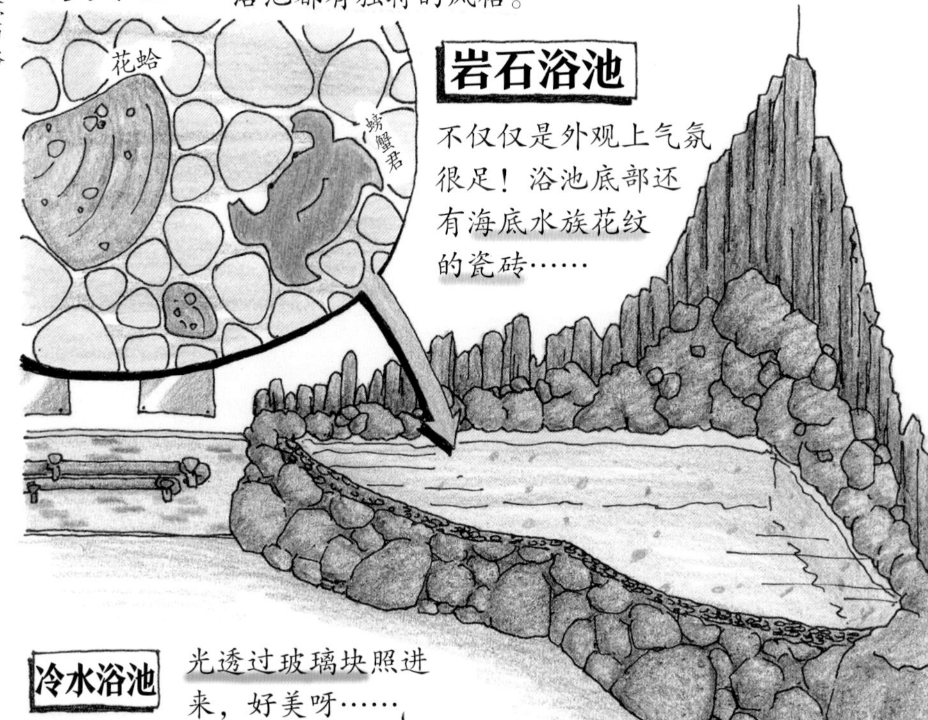

花蛤

螃蟹君

岩石浴池

不仅仅是外观上气氛很足！浴池底部还有海底水族花纹的瓷砖……

冷水浴池

光透过玻璃块照进来，好美呀……

这处凸出来的地方以前是装水龙头的位置。瓷砖好精致！

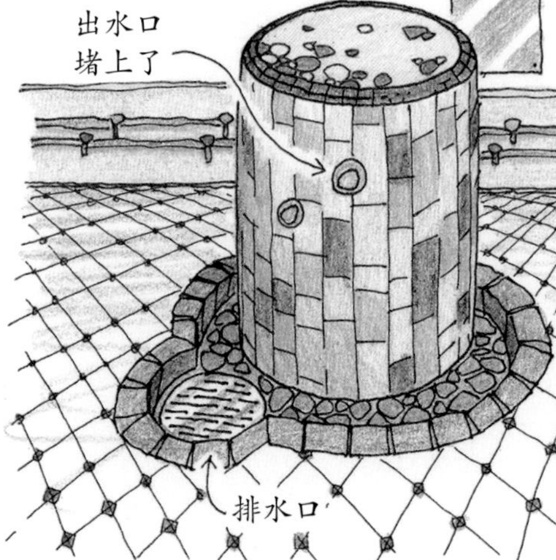

穿越时空：柳汤

昭和三十八年

现在的老板开始经营柳汤是在昭和三十八年（1963年）那会儿。当时正值大改造之前，那时的钱汤世界与现在大不相同。

还有穿个**兜裆布**就闯进来的客人……

你好！

我没有错吧？

煤

第一项工作是烧炉子。煤的添加是有讲究的。要一直加到泡澡水都烧开为止，相当辛苦！

热水

哎呀~真舒服~

看见20个人同时泡澡不要太诧异。热水很快就被挤没了，必须不断加水。

燃气灯

爱了爱了……

亮的时候肯定贼好看吧。不过听说很容易熄灭。以防万一，蜡烛得常备。

柳汤

营业时间	16:30—24:00
定休日	星期一，星期二
地址	京都市左京区新柳马场街仁王门下行菊鉾町 332
电话号码	075-771-8439
停车位	无
创业	1931 年（昭和六年）
建筑	1931 年（昭和六年）

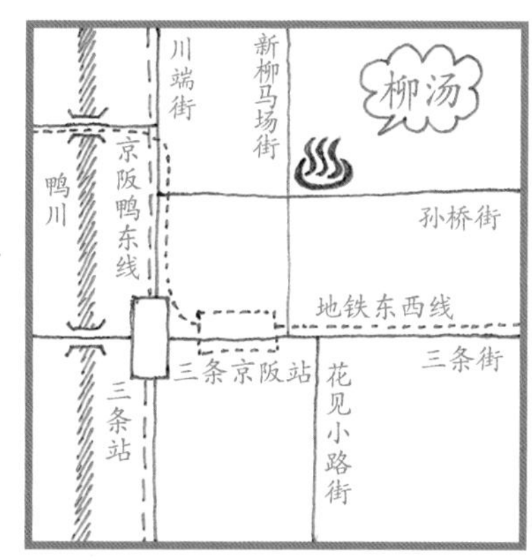

锦汤

~从京都风情趣到各种活动，提供无限的享受和欢乐~

NISHIKI-YU

从号称“京都厨房”的锦市场的中间拐个弯，就能看到一座蛮有风格的大型木质结构建筑，不禁会发出一声由衷的赞叹。锦汤的周围，弥漫着仿佛能让时间静止的历史的香气。

也难怪。老板的理念就是“必须保留原貌”，所以故意没做什么大动作，每天精心照料守护着这里（不时也会调皮一下！）。

不仅是建筑物，为了保留传统钱汤文化，老板还会开展各种丰富的主题活动，这已持续了 10 多年之久。功夫不负有心人，锦汤在年轻人中也颇负盛名。

在锦汤，能够品味到京都钱汤的今昔风貌。同时，你还可以参观一下锦市场！

外观

其风格让人不禁感叹：不愧是京都！
经常看见有过路的游客情不自禁地停住脚步。

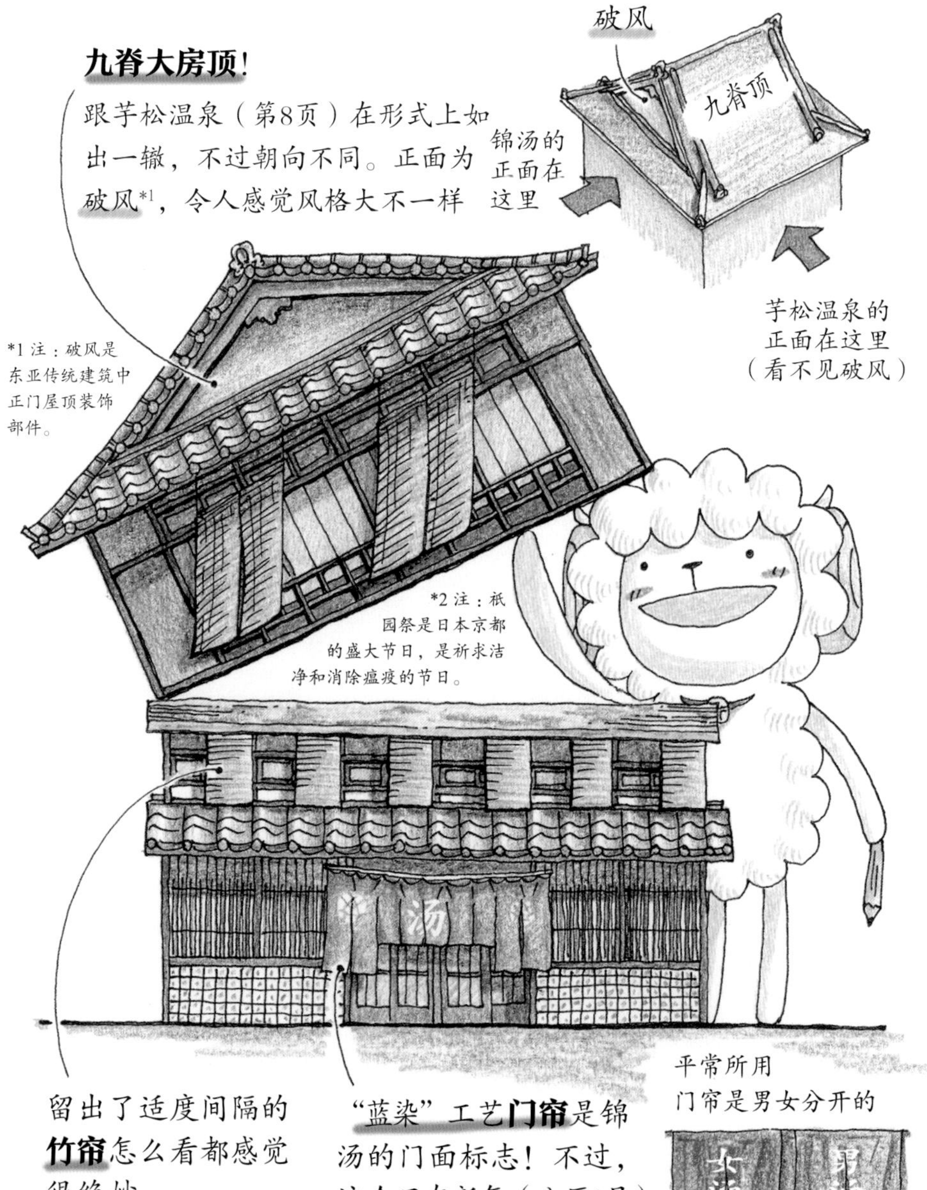

九脊大房顶！

跟芋松温泉（第8页）在形式上如出一辙，不过朝向不同。正面为破风*1，令人感觉风格大不一样

*1 注：破风是东亚传统建筑中正门屋顶装饰部件。

*2 注：祇园祭是日本京都的盛大节日，是祈求洁净和消除瘟疫的节日。

留出了适度间隔的**竹帘**怎么看都感觉很绝妙

醉了醉了

“蓝染”工艺**门帘**是锦汤的门面标志！不过，这个只在新年（公历1月）和祇园祭*2的时候才会挂出来

平常所用门帘是男女分开的

女汤 男汤

布局

布局本身特别简单。所以，才能凸显出饱经岁月沧桑的建筑物特有的韵味。

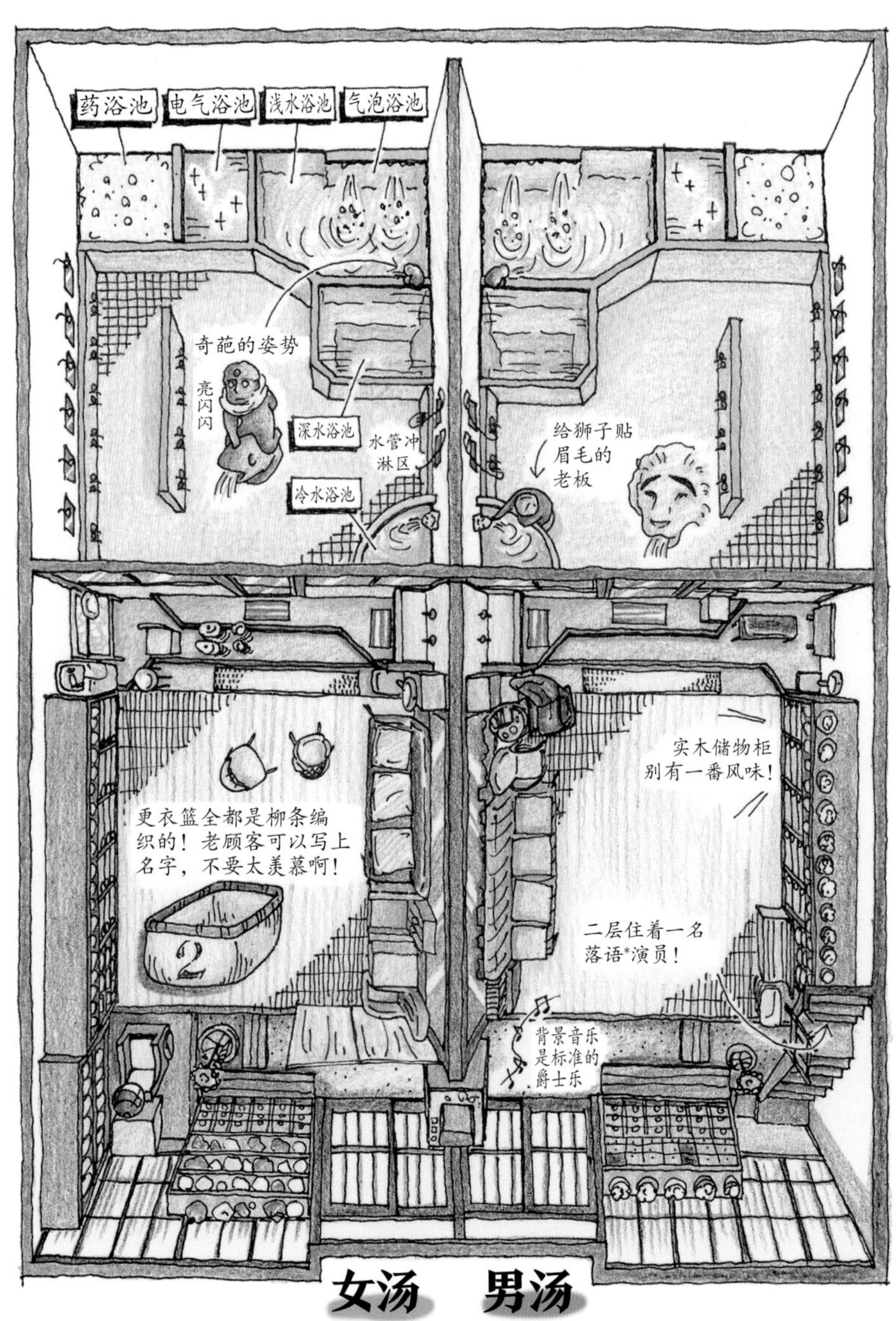

* 注："落语"是日本的传统曲艺形式之一，与中国的传统单口相声相似。

内景

正是因为建成以来没有经历什么特别大的改造，所以经过岁月洗礼的木材显得格外有光泽……

（男汤）老顾客的桶码得整整齐齐。（女汤那边竟然没有。是因为身高够不到吗？）

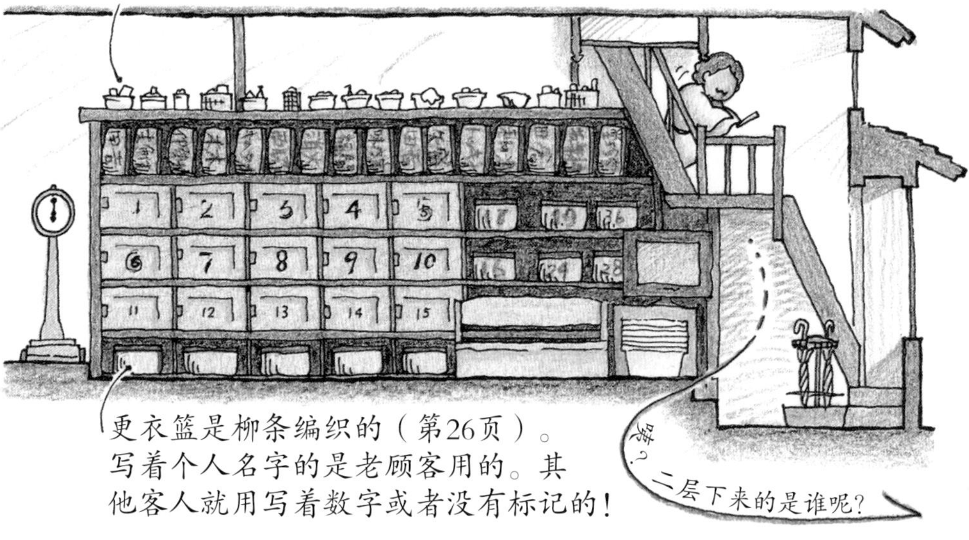

更衣篮是柳条编织的（第26页）。写着个人名字的是老顾客用的。其他客人就用写着数字或者没有标记的！

咦？二层下来的是谁呢？

浴池

不吹不黑，锦汤的水温可以说是京都最高的。对于怕热的羊羊来说每次都感觉特别亢奋！

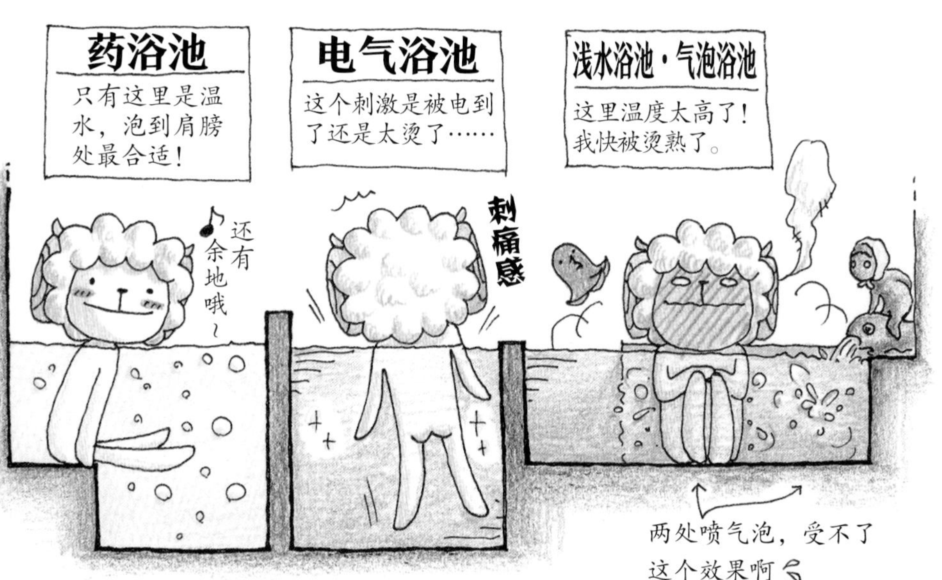

活动

“不干点儿有趣的事就太没劲了！”老板组织的活动受到了男女老少的超级好评。

落语

新落语中心

以住在锦汤二层的“落脚京都的艺术家”落语演员月亭太游为主，联手关西年轻一辈落语演员举行的落语表演。新型表演，从古典到原创，素材多种多样。于每周星期一（锦汤的定休日）在更衣室举行。

钱汤落语巡演

公共澡堂曲艺场

泡澡的家伙也能当道具使用

除锦汤以外，其他钱汤也会举行。每次会场不同。太游先生率领他的小伙伴给钱汤带来欢声笑语。

* 注：在日语中，“锦”字发音（nishiki）与蟒蛇（nishikihebi）的前半部分相同。

爵士沐浴之夜

这是爵士乐爱好者老板举办的另一个经典节目。表演的乐队也多姿多彩。

在锦汤看蟒蛇

马年的时候开办了赛马学讲座！

准备在蛇年这么搞！这项活动很简单，就是借用锦汤的名字，秀一下真正的蟒蛇*。

其他还有很多很多

羊羊度过的 锦汤的春夏秋冬

配合季节生动展示京都文化的锦汤。赏玩方式会根据季节变化哦！

* 注：山鉾是日本一种祭神用的彩车。

锦汤

营业时间	16:00—24:00
定休日	星期一（20点后有落语表演）
地址	京都市中京区堺町街锦小路下行八百屋町535
电话号码	075-221-6479
停车位	无
创业	1927年（昭和二年）
建筑	1927年（昭和二年）

专栏 京都钱汤的篮子文化

合理的！篮子设计

在京都的钱汤中，脱下来的衣服要放到更衣篮里，然后把整个篮子放在储物柜中，这是个习俗。

然后呢，你在更衣室随便哪个地方穿穿脱脱都行，所以储物柜前不会人挤人。尤其是出温泉以后，脱光光的状态再一挤，就有点尴尬了呢……

所以呢，储物柜的尺寸是根据篮子的大小设计的。篮子纵向正好能放进去，就像抽屉一样。这是京都独一无二的很合理的设计。

*示意图（还没有羊羊专属的篮子）

“柳编箱篮”背后的故事

又轻又结实的柳条编织成的“柳编箱篮”从很早以前就开始使用了，但是最近，藤编篮和塑料篮越来越多。这也是因为柳条编织师傅人数锐减所以很难买到，而且修理花费的功夫和费用也不可小觑。据说使用柳编篮的钱汤，都是通过别人转手而来，积少成多，修理工作也是自行实施。

其实我们能用到柳编篮，都是得益于这些心血。如果你在钱汤看见了，一定要珍惜每次使用它的机会，好好珍惜它哦！

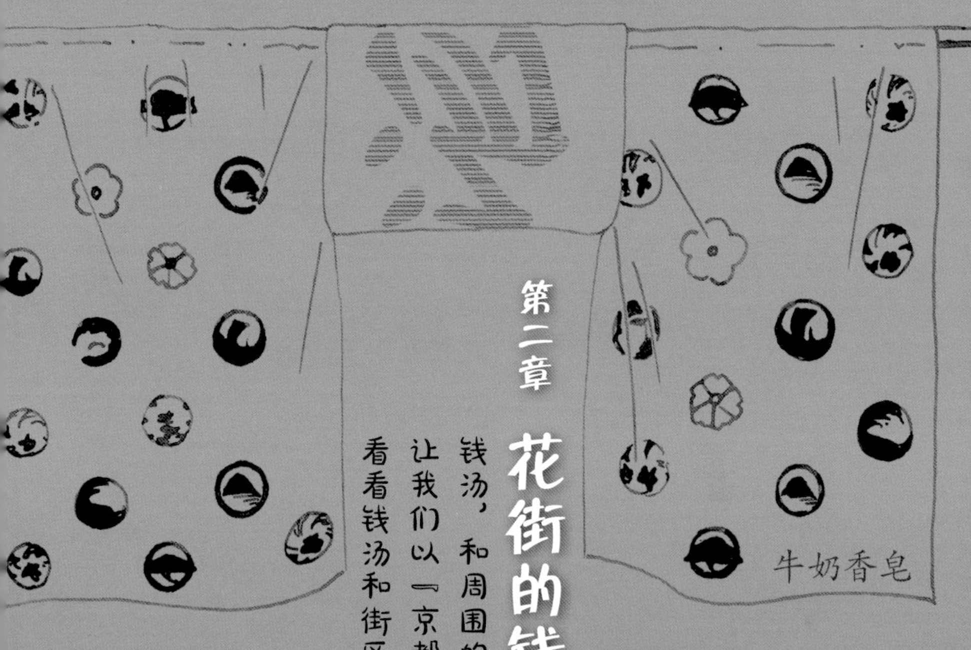

第二章

花街的钱汤

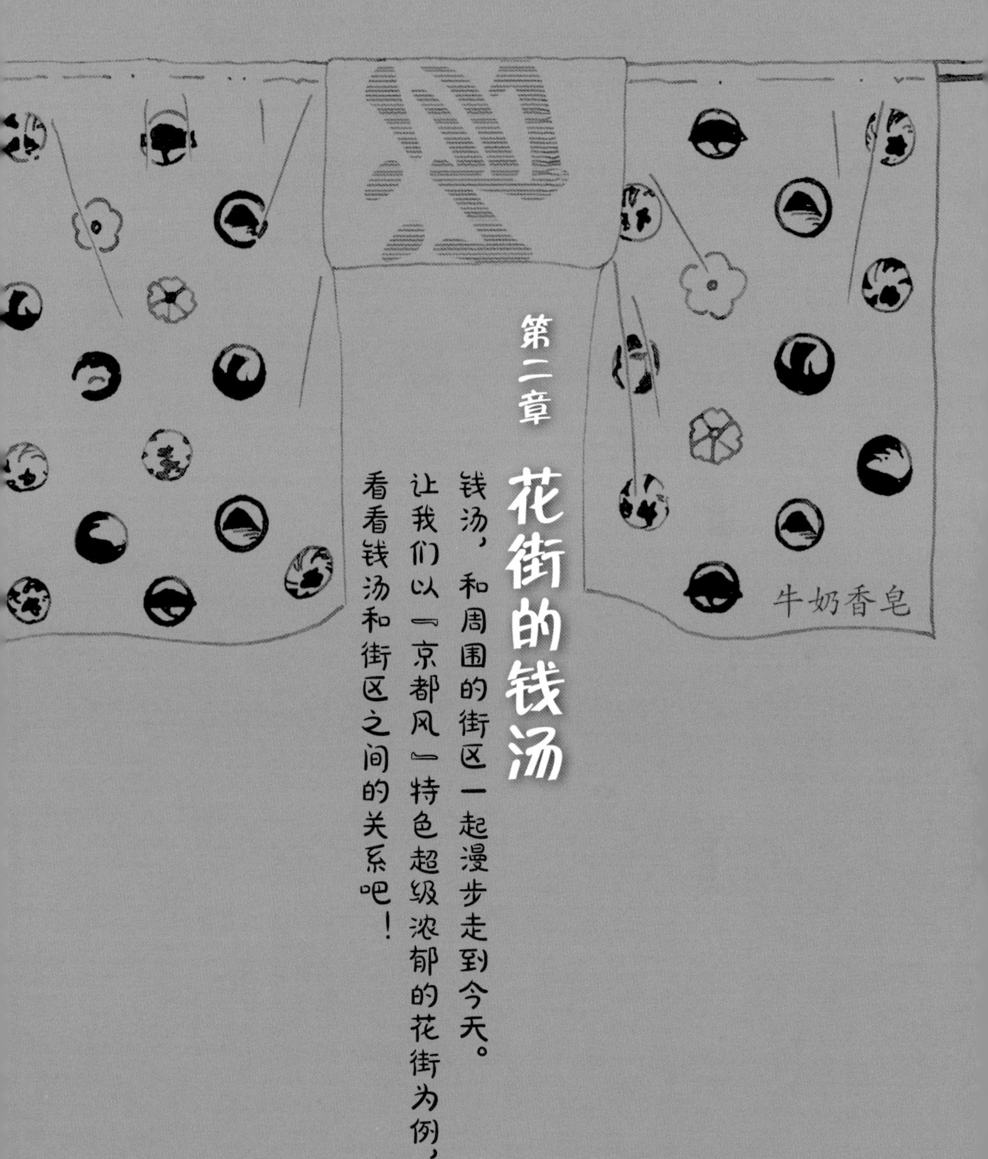

钱汤，和周围的街区一起漫步走到今天。让我们以『京都风』特色超级浓郁的花街为例，看看钱汤和街区之间的关系吧！

岛原温泉

~充满旧花街“岛原”气氛的钱汤~

SHIMABARA-ONSEN

穿过柳叶随风拂动的岛原大门，就会不知不觉时空穿越到旧花街“岛原”的世界。岛原温泉坐落在其正中央位置。

现在的女老板开始经营这家钱汤是在昭和三十六年（1961 年）。在平成二年（1990 年）钱汤经历了大改造，名字也换了（曾用名：千鸟汤），建筑样式结合岛原观光理念，极富特色。观光的同时也别忘了去一趟哦！

布局

男女汤基本对称。总体上给人一种清新、干净的感觉，和风设计给人以视觉的享受。

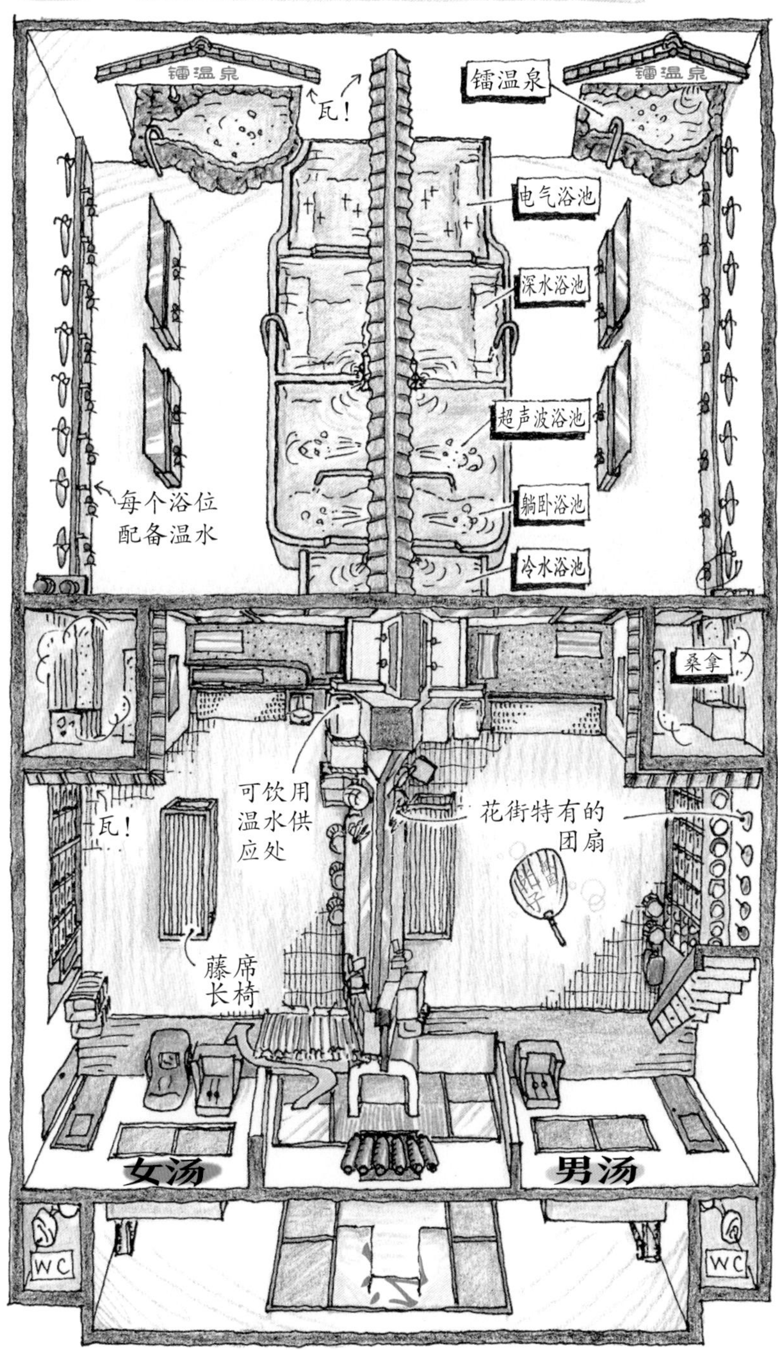

内景

其建造理念如此贴合岛原本地风格，所以不由得让人对岛原的其他旅游景点也心生向往。

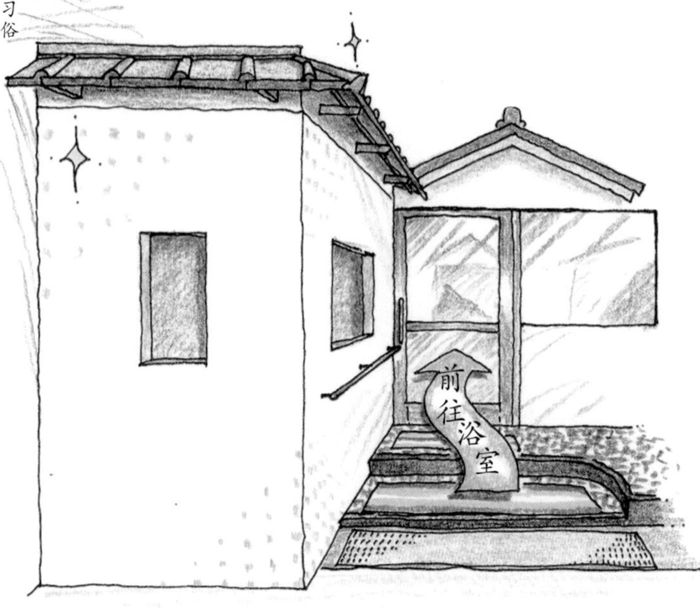

在平成二年（1990年）的大改造中，内饰改为和式风格，与岛原地区风情相呼应。房子保持得很干净，现在给人的感觉还很新。这就是我们所说的洁净和风！走在通往浴室的路上，感觉很兴奋。

说到花街就是它啦！艺伎们给前来捧场的观众们发放的团扇

祇园 光子

可以自由使用

特别结实，与周围的气氛也很搭，这是老板娘的小心机

……你说“祇园”？！不是岛原而是祇园吗？！

嗯嗯，其实吧，据说是客人把祇园那里得到的团扇送给这里了。在岛原，现在已经不发了。

美美哒

形象

即便如此，以前的时候，岛原的太夫*和艺伎们还是会经常过来。回去的时候穿着和服，头发乱乱的。

*注：太夫是日本游廊最高等级的游女。

浴池

平成二年（1990年）的时候改造了一次，浴池还比较新，可以看到极富特色的设备。

镭温泉

浴池底部铺有具有温浴效果的镭矿石。一般宣传的岛原温泉指的就是这个。

岩石浴池的气氛，再加上周围环墙，整个空间显得沉静大方。

躺卧浴池

细听的话，能听到这个枕头发出类似水琴窟的声音，特别悦耳

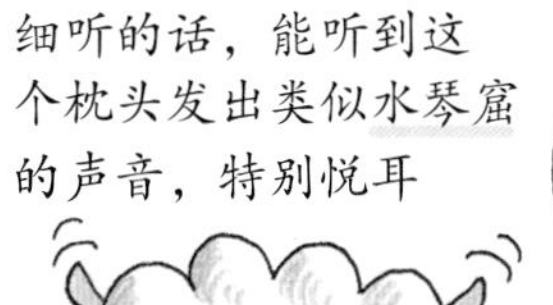

温水

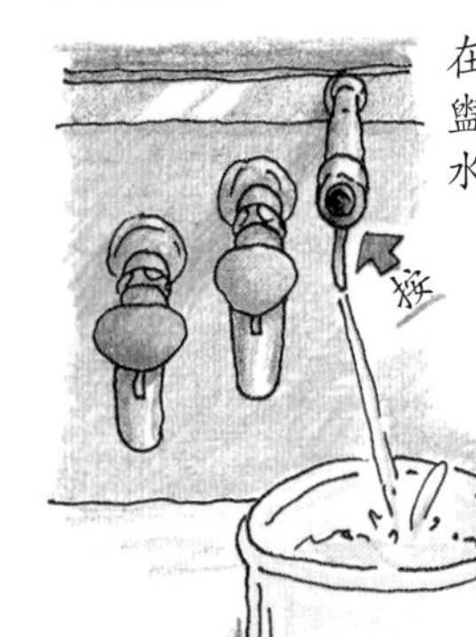

在女汤的各个盥洗处配备的水龙头。

按一下按钮，温水就会喷涌而出！

根据说明书，这种水对皮肤和头发都很好。看见老板娘的皮肤后……我准备试一试！

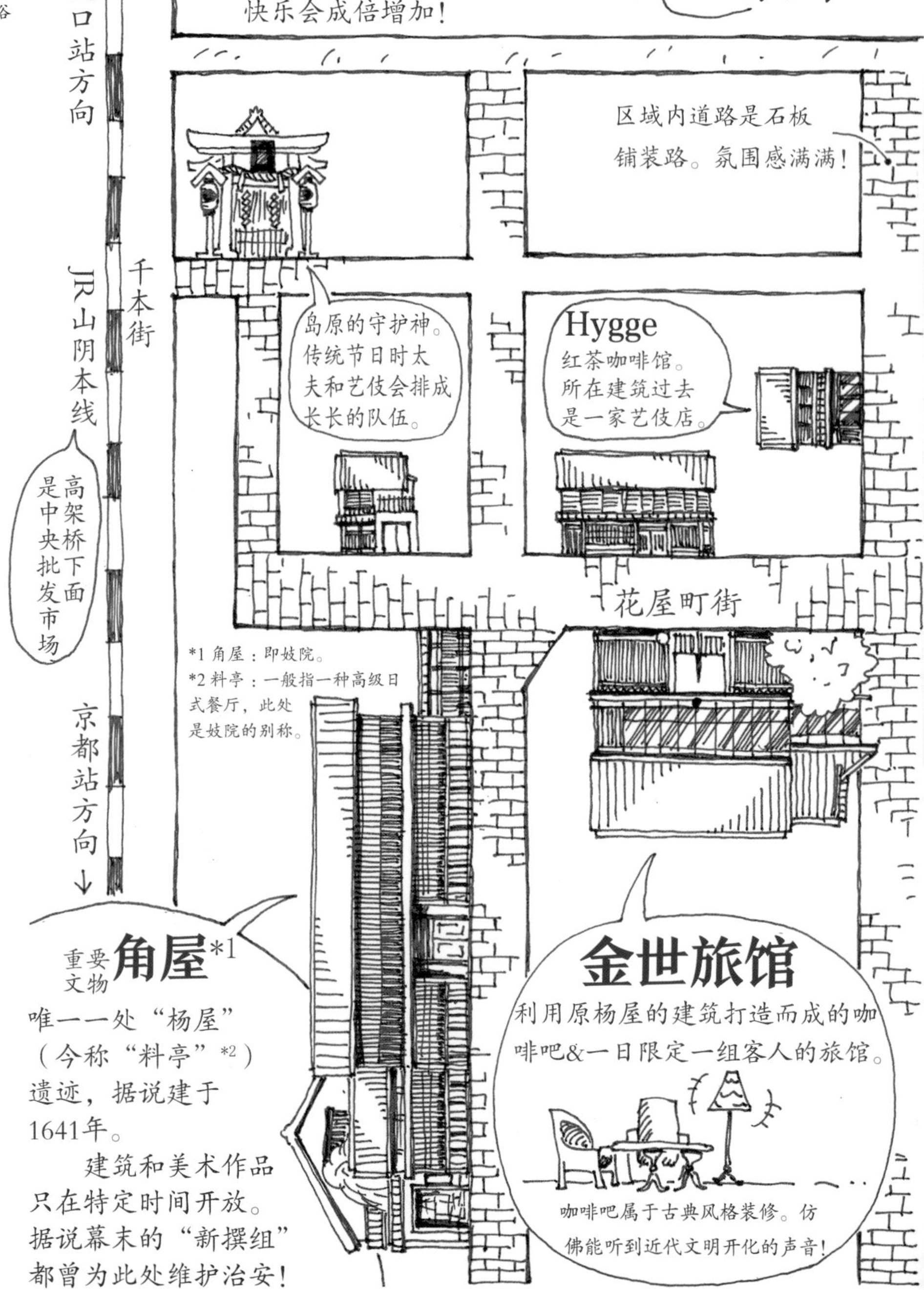
体验钱汤，顺道游岛原
如果和周围的几个景点一起游玩，快乐会成倍增加！
↑丹波口站方向
JR山阴本线
千本街
是高架桥下面中央批发市场
京都站方向↓
区域内道路是石板铺装路。氛围感满满！
岛原的守护神。传统节日时太夫和艺伎会排成长长的队伍。
Hygge
红茶咖啡馆。所在建筑过去是一家艺伎店。
花屋町街
*1 角屋：即妓院。
*2 料亭：一般指一种高级日式餐厅，此处是妓院的别称。
重要文物 角屋*1
唯一一处“杨屋”（今称“料亭”*2）遗迹，据说建于1641年。
建筑和美术作品只在特定时间开放。据说幕末的“新撰组”都曾为此处维护治安！
金世旅馆
利用原杨屋的建筑打造而成的咖啡吧&一日限定一组客人的旅馆。
咖啡吧属于古典风格装修。仿佛能听到近代文明开化的声音！

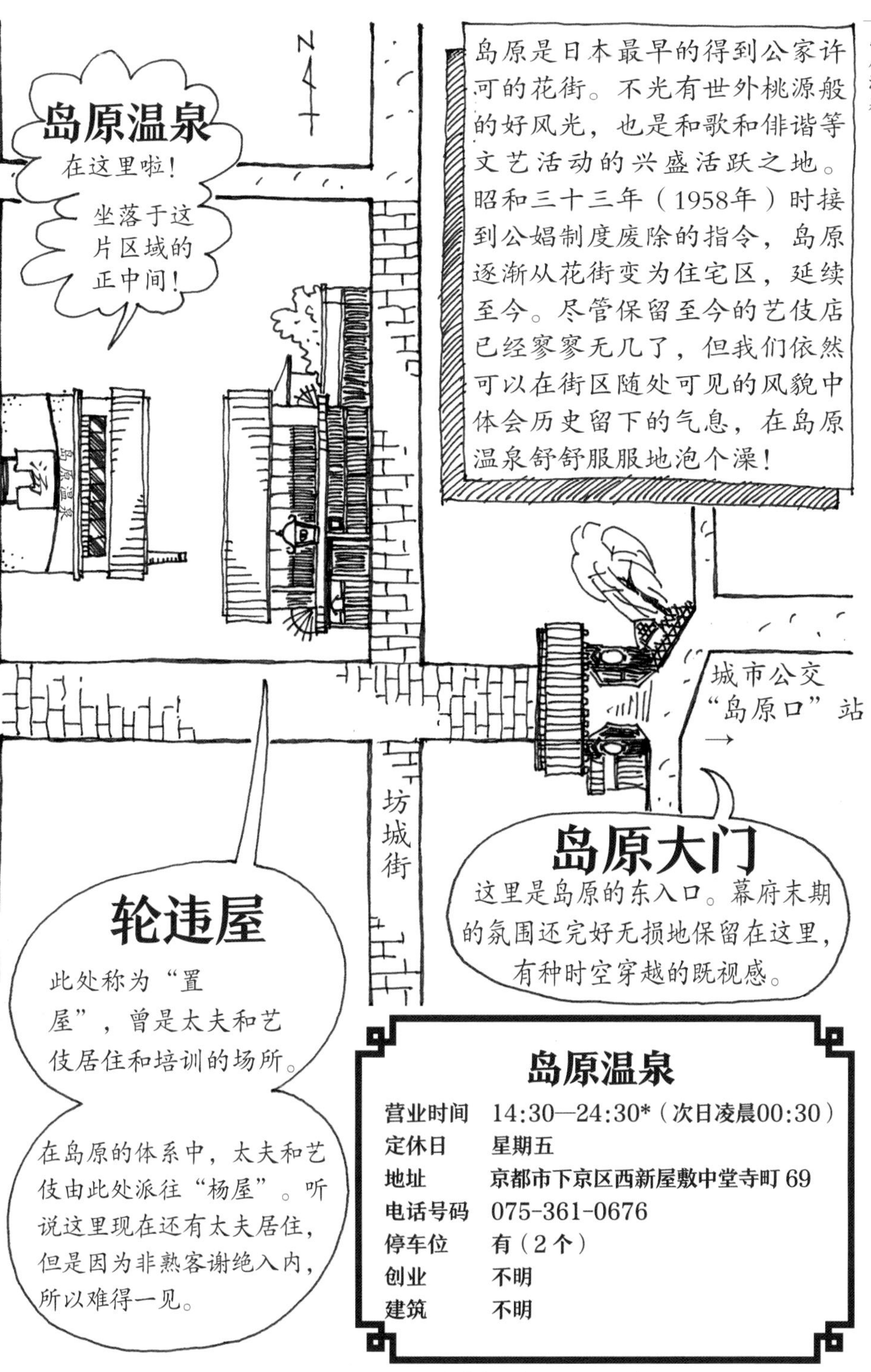

岛原温泉

营业时间	14:30—24:30*（次日凌晨00:30）
定休日	星期五
地址	京都市下京区西新屋敷中堂寺町69
电话号码	075-361-0676
停车位	有（2个）
创业	不明
建筑	不明

*注：日本特有的表达时间的方式。

大黑汤 ~离花街“宫川町”最近，舞伎们的御用钱汤~

DAIKOKU-YU

石板路两旁，挂着门帘的艺伎店一家挨着一家，这里是京都花街之一——宫川町。宫川町是京都舞伎人数最多的花街，她们垂着长长的腰带走路的背影也是一道常见的风景！

位于这附近的大黑汤，是结束一天工作后的舞伎们最常去的地方。据说是因为她们盘发用的“发油”完全洗干净要着实花一些时间，所以才往这里跑。可以说，大黑汤是无形中支持花街产业的存在。

除了舞伎和老主顾们，住在周边客栈中的游客也经常造访大黑汤，其中不乏外国旅人，所以平时总是客流不断，非常热闹。背景出身五花八门的客人也给大黑汤平添了不少乐趣。

布局

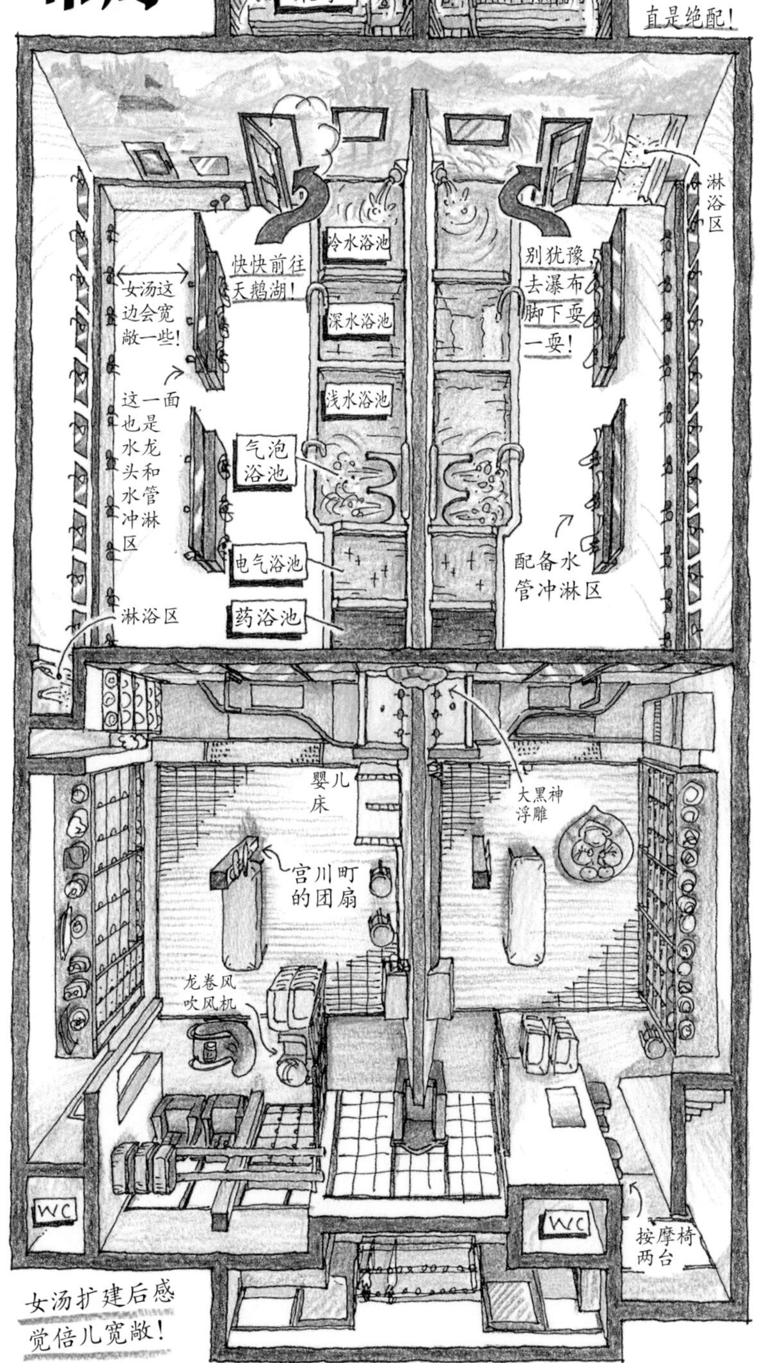

马赛克瓷砖画和桑拿门的组合简直是绝配！

桑拿
淋浴区
冷水浴池
快快前往天鹅湖！
别犹豫，去瀑布脚下耍一耍！
女汤这边会宽敞一些！
深水浴池
浅水浴池
这一面也是水龙头和水管冲淋区
气泡浴池
电气浴池
配备水管冲淋区
药浴池
淋浴区
婴儿床
大黑神浮雕
宫川町的团扇
龙卷风吹风机
WC
WC
按摩椅两台

女汤扩建后感觉倍儿宽敞！

内景

和花街有着千丝万缕的联系，至今仍有舞伎造访。室内随处可以窥见花街的影子。

在女汤中，如果幸运的话没准能偶遇舞伎？！据说经常来的大概有10个。对于住在店内修行的舞伎而言，钱汤是不可多得的私人时光，还可以看到她们与年龄相仿的女孩子一起聊天往回走的身影。

不过等级关系还是很严格的

美恵子

这是艺伎们每年给前来捧场的老观众们发放的团扇。发给大黑汤的团扇可以在更衣室中使用。

竹筒立

有效利用头顶空间的搁架来码放柳编篮。据说从前整排都是私人柳编篮，现在只有3个。

守护更衣室

大黑神

和建筑物一样历史悠久，到现在呢，出身来历已无处追踪。其名字源于“大黑汤”，店家一直毕恭毕敬地供奉着它。

浴池

浴池与马赛克瓷砖画宛如一体！
在这里泡澡感觉自己像天鹅？！

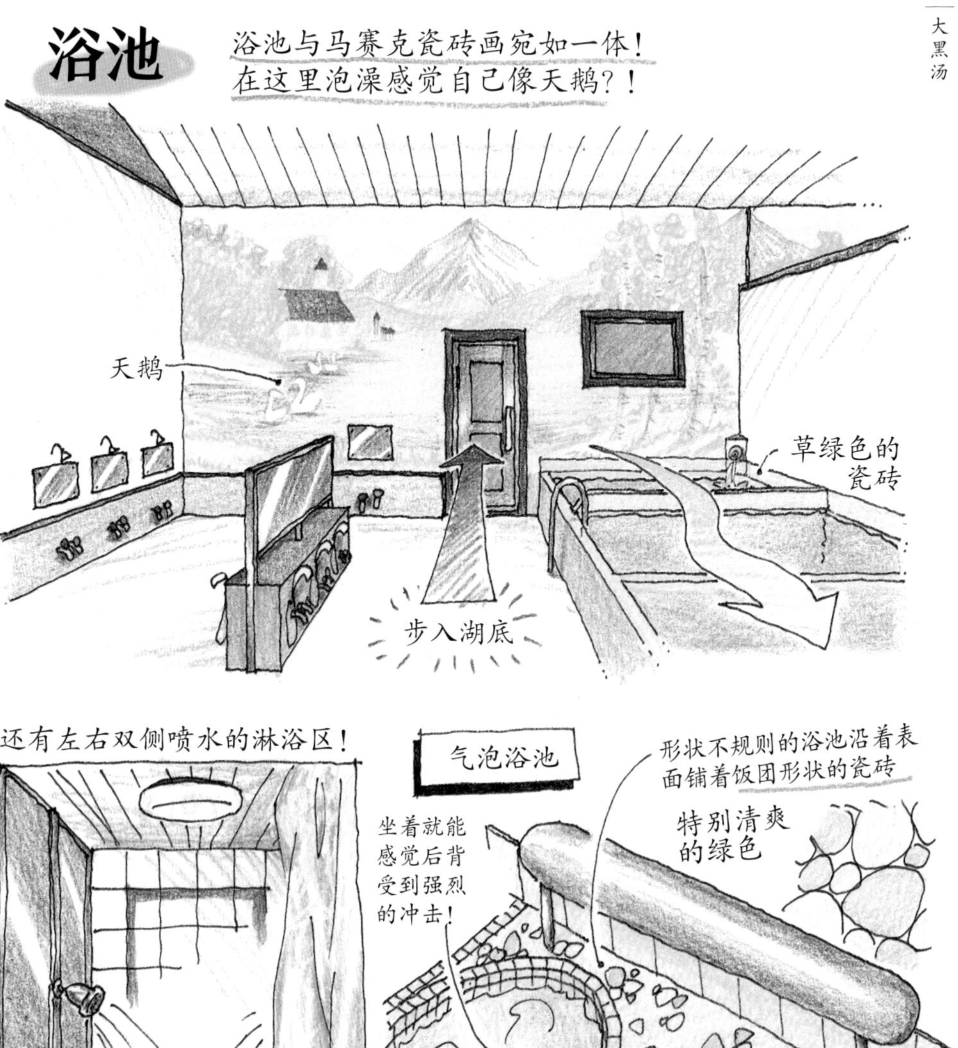

还有左右双侧喷水的淋浴区！

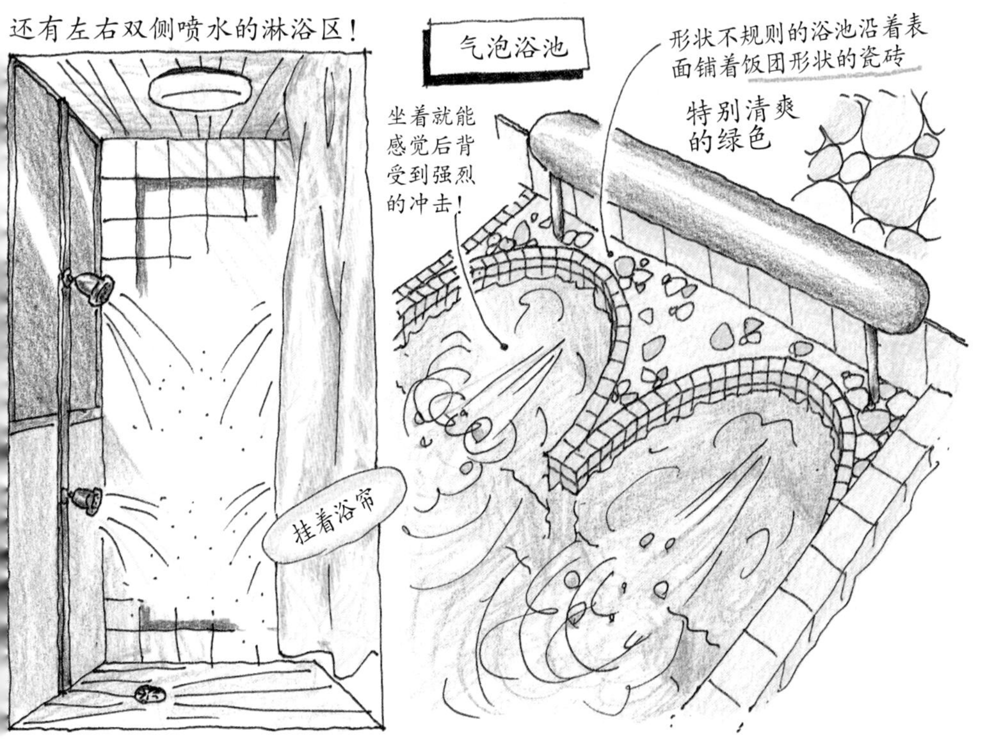

挂着浴帘

气泡浴池

形状不规则的浴池沿着表
面铺着饭团形状的瓷砖

特别清爽
的绿色

坐着就能
感觉后背
受到强烈
的冲击！

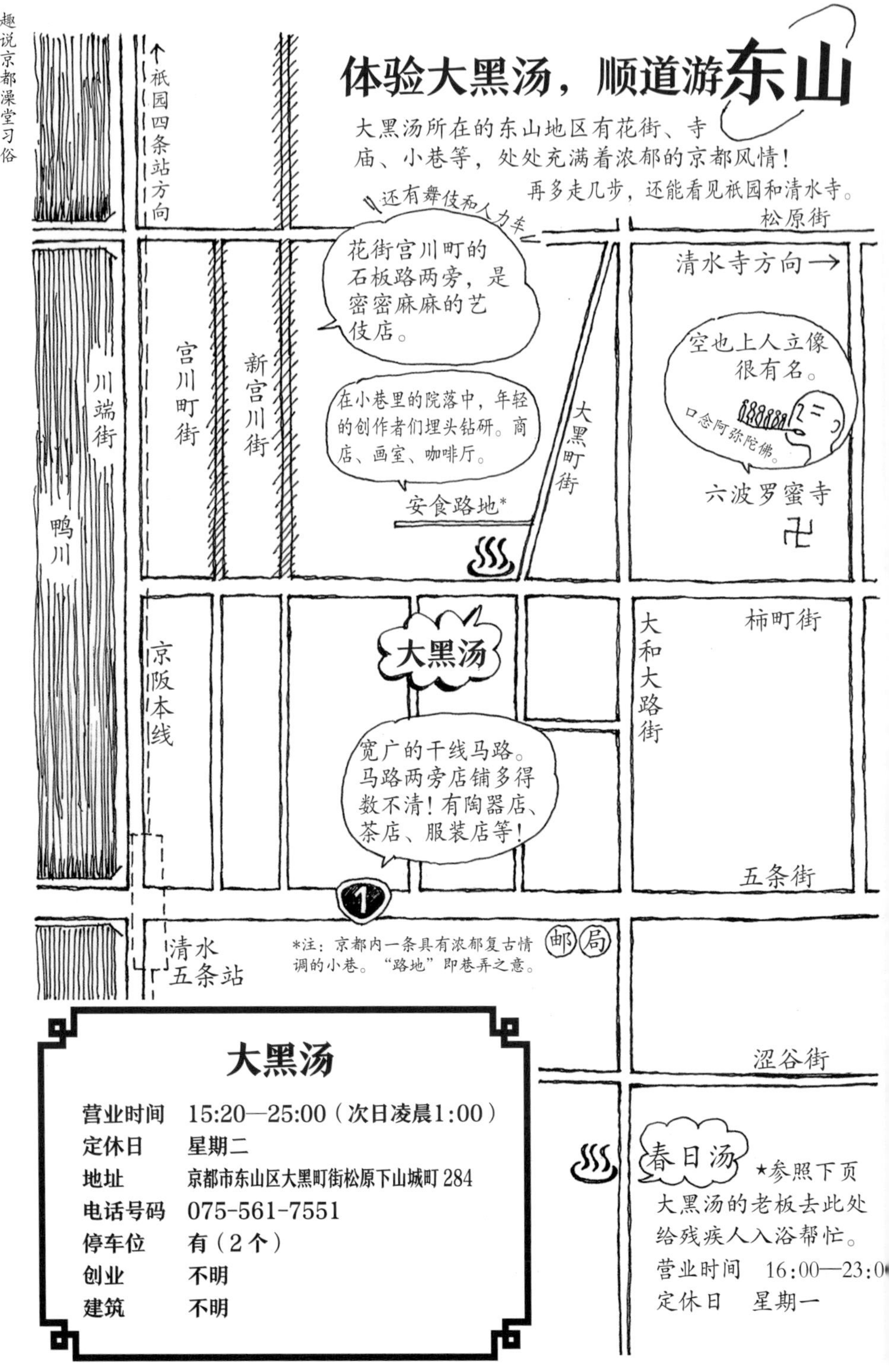
体验大黑汤，顺道游东山
大黑汤所在的东山地区有花街、寺庙、小巷等，处处充满着浓郁的京都风情！
再多走几步，还能看见祇园和清水寺。
↑祇园四条站方向
还有舞伎和人力车
松原街
花街宫川町的石板路两旁，是密密麻麻的艺伎店。
清水寺方向→
空也上人立像很有名。
口念阿弥陀佛。
六波罗蜜寺
宫川町街
新宫川街
川端街
鸭川
在小巷里的院落中，年轻的创作者们埋头钻研。商店、画室、咖啡厅。
大黑町街
安食路地*
京阪本线
大黑汤
大和大路街
柿町街
宽广的干线马路。马路两旁店铺多得数不清！有陶器店、茶店、服装店等！
五条街
清水五条站
*注：京都内一条具有浓郁复古情调的小巷。“路地”即巷弄之意。
邮局
涩谷街
大黑汤
营业时间 15:20—25:00（次日凌晨1:00）
定休日 星期二
地址 京都市东山区大黑町街松原下山城町284
电话号码 075-561-7551
停车位 有（2个）
创业 不明
建筑 不明
春日汤
★参照下页
大黑汤的老板去此处给残疾人入浴帮忙。
营业时间 16:00—23:0
定休日 星期一

大黑汤和春日汤

～为残疾儿童服务的日间钱汤～

专栏

溢满浴池的优质地下水

京都水资源得天独厚

京都拥有丰富的地下水脉，从很早开始，人们在衣食住等各个方面就使用地下水。

比如说，在“穿着”方面就是友禅染。最后冲洗糨糊的时候，会使用大量地下水。据说水的质量还会影响到染色的效果。

“吃”方面呢，就是日本酒和豆腐、腐竹等。想烹调出充分发挥食材味道的口感一流的食物，需要优质水。

那么“住”呢？就是钱汤啦！柔软的水质对头发和皮肤都是很有益处的，另外，因为水温比较稳定，所以无论严寒还是酷暑都可以享受恒温泡澡的乐趣。

*注：北陆是日本新潟、富山、石川和福井千县的统称。

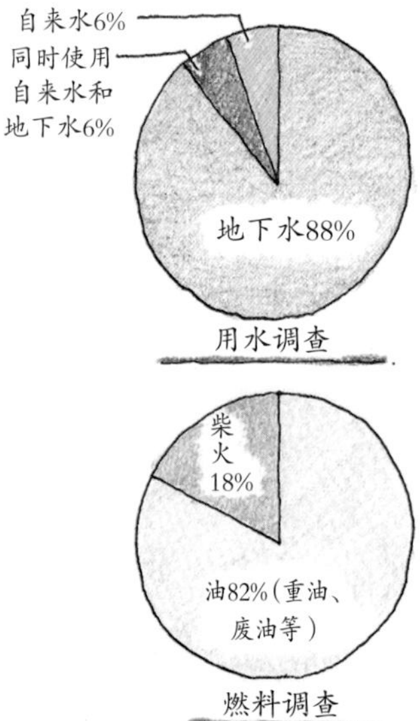

［2015年羊羊调查结果（调查对象为本书中介绍的17家钱汤）］

京都钱汤的用水情况

羊羊就本书刊载的 17 家钱汤的用水情况做了个小调查！结果发现，八成（如果算上同时使用自来水的钱汤，就是九成）以上都用地下水。没错，京都的钱汤业对地下水的使用就是这么普遍。以水质著称的钱汤也不在少数！

羊羊还对烧水所用燃料进行了调查。各家钱汤基本都是用柴油等油类，使用起来基本不会特别费事，具有可以让经营者专注于接待客人等工作的优点。用比较费事的柴火的钱汤比较少，只有不到两成，不过据说这种方式煮出来的水泡起来比较温和、不刺激。大家可以在泡澡的时候稍微留意一下。

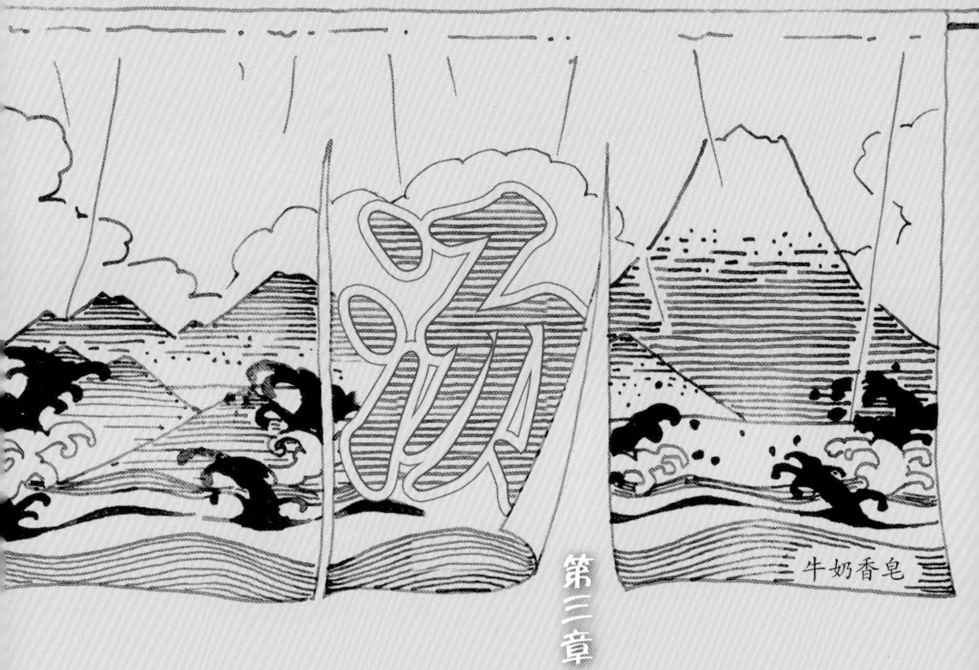

第三章 可以观赏瓷砖的钱汤

瓷砖是水池周围必不可少的装饰。其中有不少光是看看就能让你眼前一亮、心情愉悦。

别府汤 ~可以看见珍贵碎瓷砖拼贴画的钱汤~

BEPPU-YU

走进浴室的瞬间，跃入眼帘的是一个海底世界。别府汤的瓷砖画特别有存在感。这也难怪，因为它使用的正是日本宫内厅御用泰山制陶所出品的“泰山瓷砖”。翻阅历史可知，别府汤兴建时的昭和初期正是泰山制陶所的鼎盛时期，它还经办过大学图书馆、美术馆和祇园歌舞伎训练场地等项目。别府汤有这样精致的瓷砖，是因为制陶所就在旁边的缘故。

看的时候，你可能会产生很多疑问，但是当年的知情者已经不在人世，具体的细节无从追踪。这些谜题就成了永远解不开的谜，姑且在自己天马行空的自由想象中欣赏一番吧！

外观

纯日式和风风格外观极富魅力！泡温泉之前看一眼，心情会一下振奋起来。

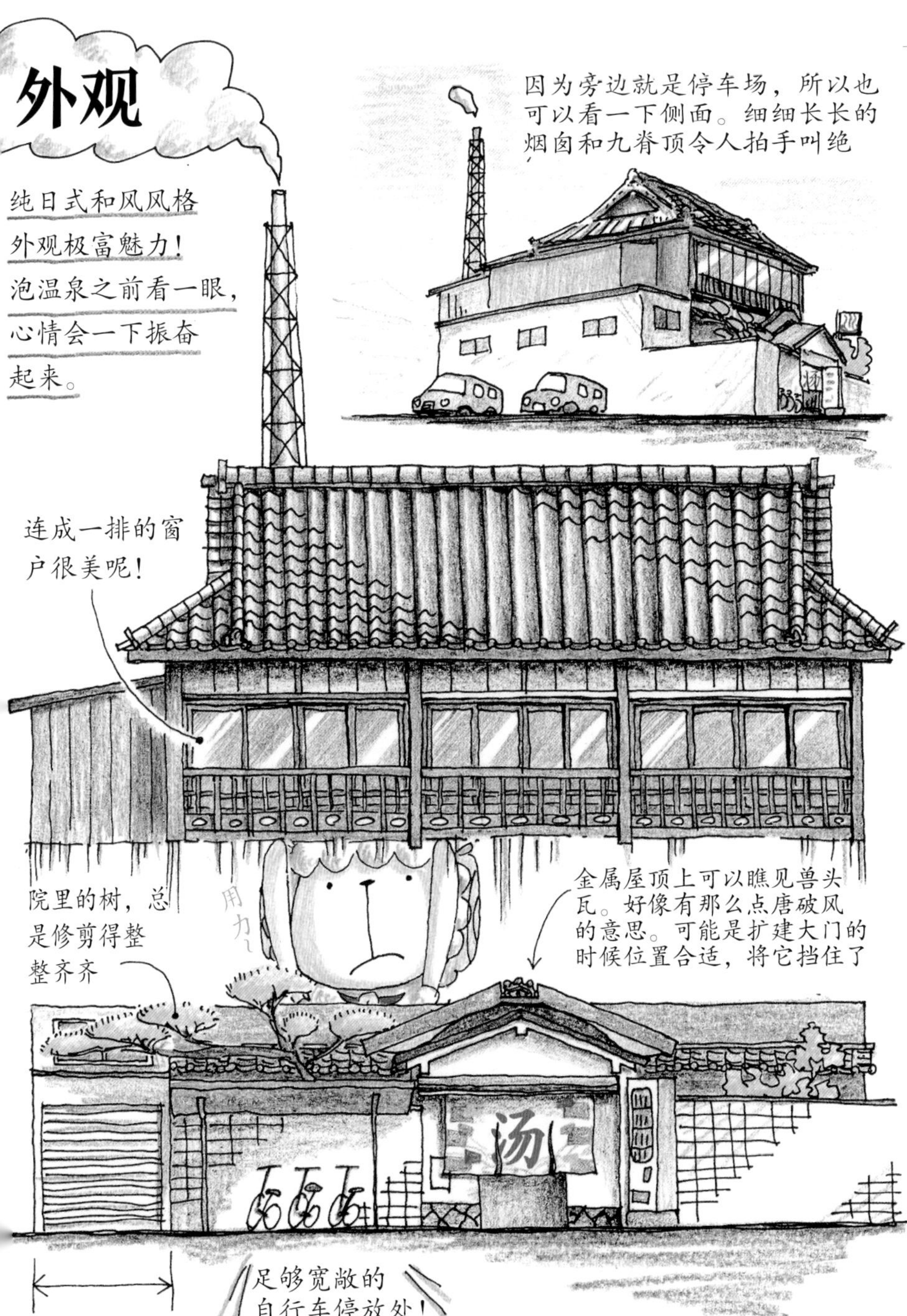

因为旁边就是停车场，所以也可以看一下侧面。细细长长的烟囱和九脊顶令人拍手叫绝
连成一排的窗户很美呢！
院里的树，总是修剪得整整齐齐
用力
金属屋顶上可以瞧见兽头瓦。好像有那么点唐破风的意思。可能是扩建大门的时候位置合适，将它挡住了
汤

女汤加宽了这么多

足够宽敞的自行车停放处！还搭了棚子

其内部是……

布局

如你所见，男女浴室的面积是截然不同的。据说因为带宝宝的客人比较多，所以女汤这边扩建了。

京都的钱汤多为纵深较长的结构，而别府汤是横宽更大。

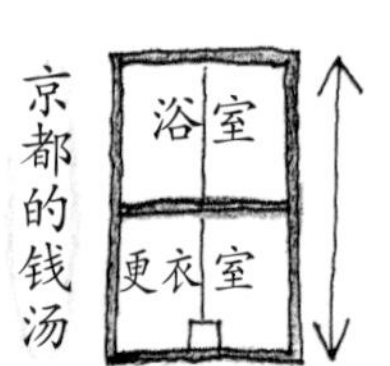

这种布局带来的开阔感，可是其他地方体会不到的哦！

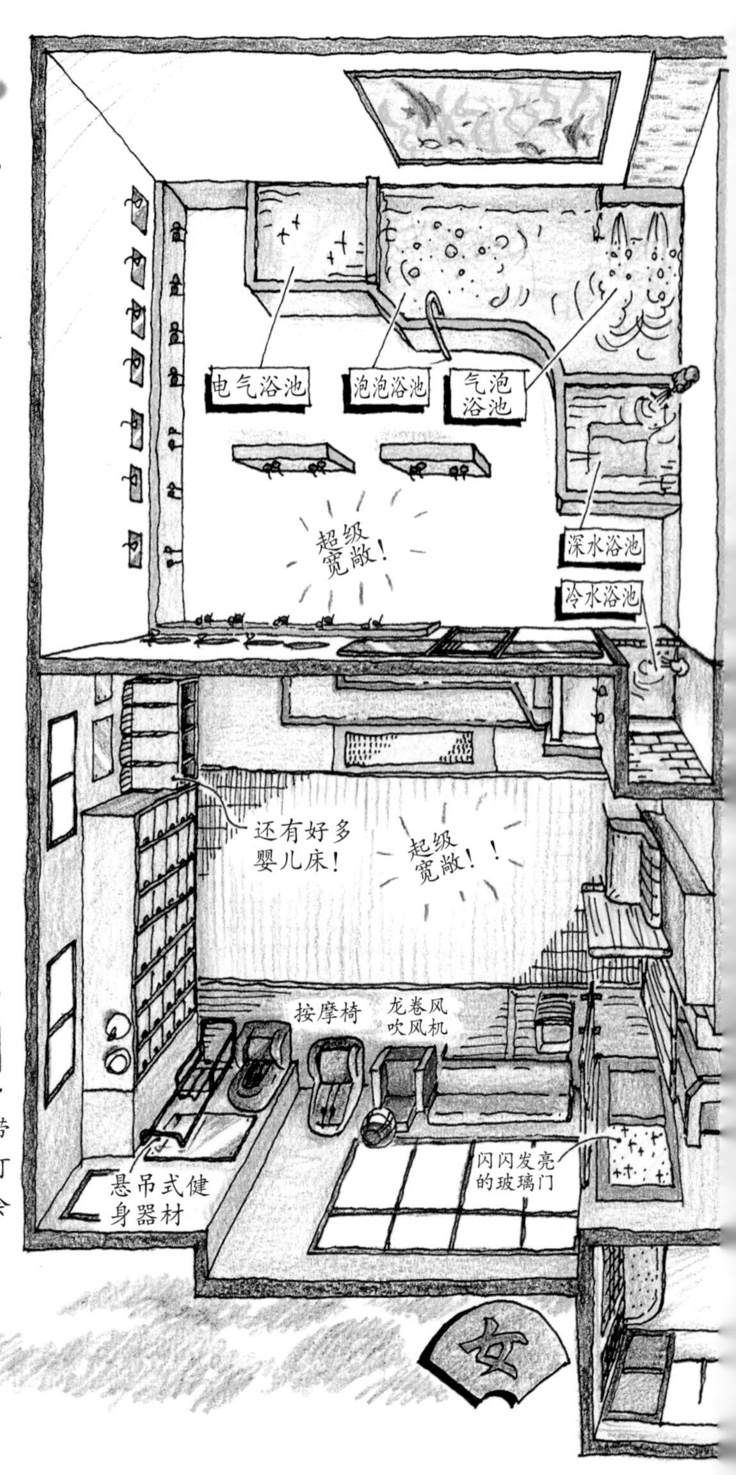

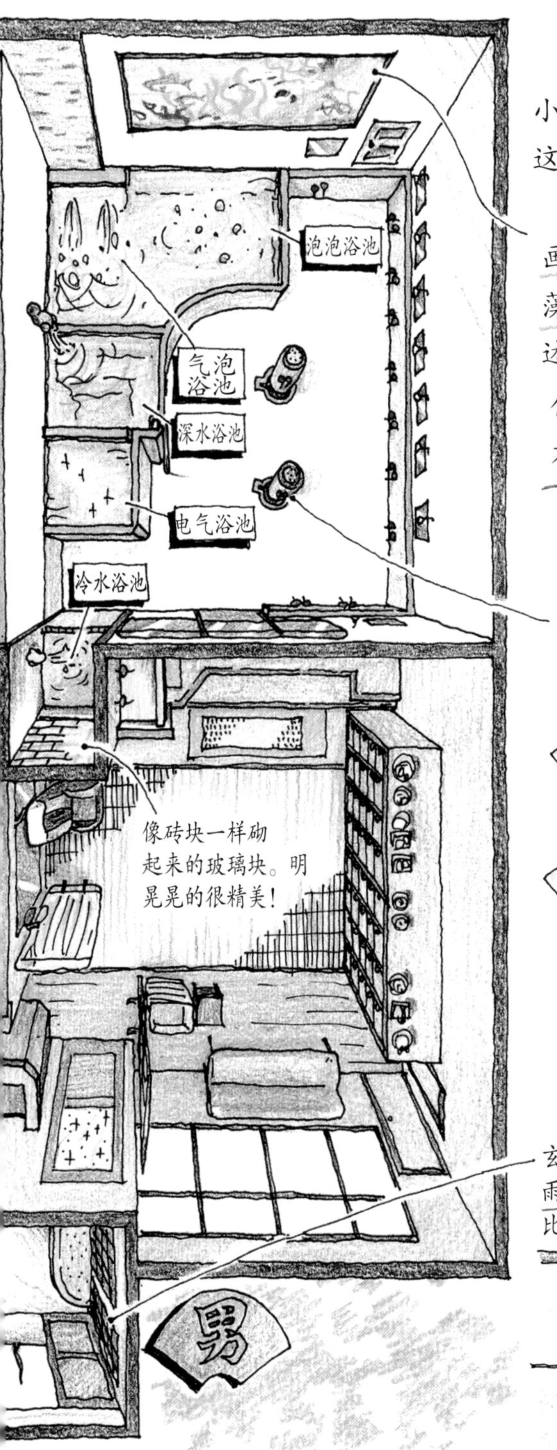

男汤这边面积比较狭小，但是并不影响客流，这就是别府汤最赞的地方！

墙壁上的碎瓷砖拼贴画描绘的是潜水捕贝采海藻的海女形象，像是在讲述一个娓娓动听的故事。

但是，女汤的画里却只有鱼！

泡泡浴池

气泡浴池

深水浴池

电气浴池

冷水浴池

可以看出，供水台的造型是根据空间大小设计的

像砖块一样砌起来的玻璃块。明晃晃的很精美！

不过这处突出的瓷砖还是很精致的～

玄关处有很少见的雨伞储物柜！比鞋柜更小更深一些

男

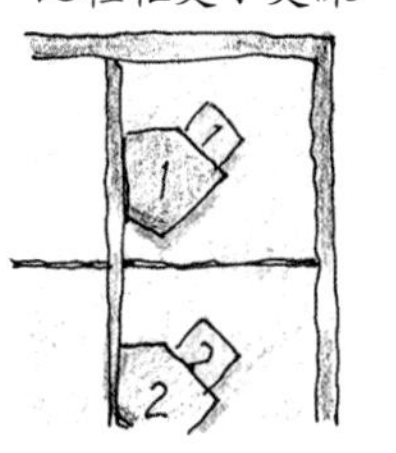

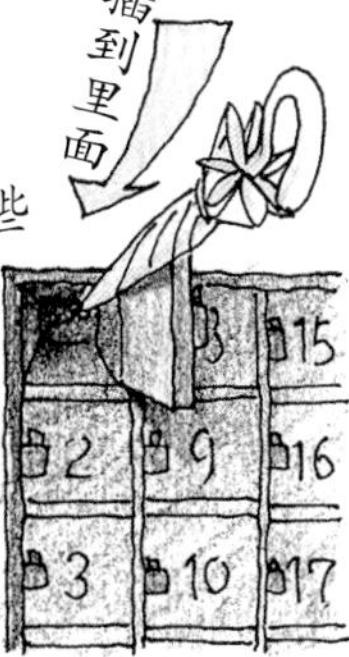

内景

男汤和女汤从正中间分成了两半。两边的瓷砖画都镶有边框，绘画感十足。如果泡在浴池中，就可以近距离观赏了。

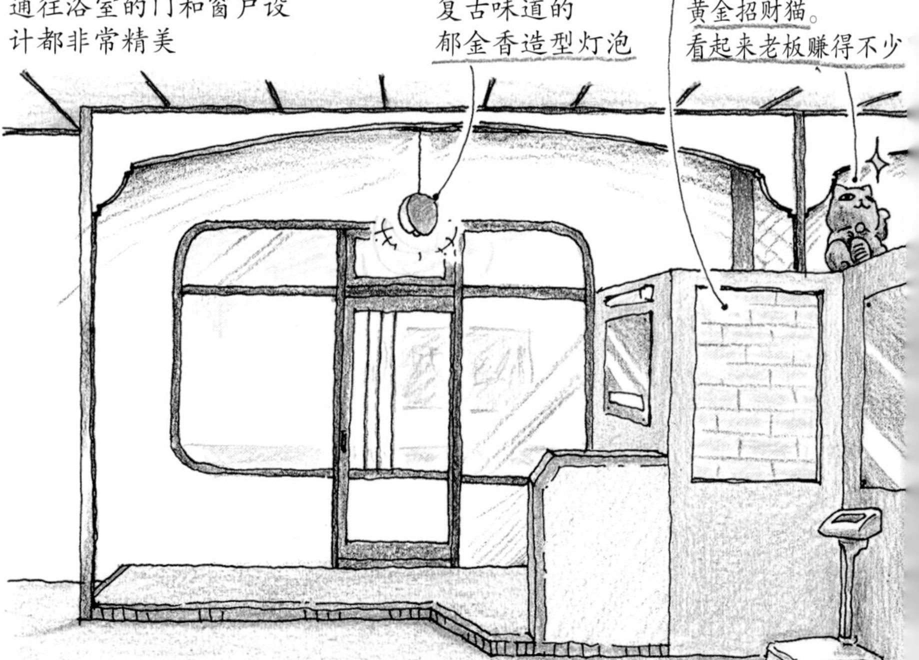

白天从排气口照进来的光线特别足。

在自然光下看，这个瓷砖画越发精美了

男

每一块瓷砖的形状都不一样

海带等设计为流线造型，特别美丽！

好漂亮……

感觉为了凸显质感，在瓷砖的排列方式上下了一番功夫。怎么看都看不厌

别府汤

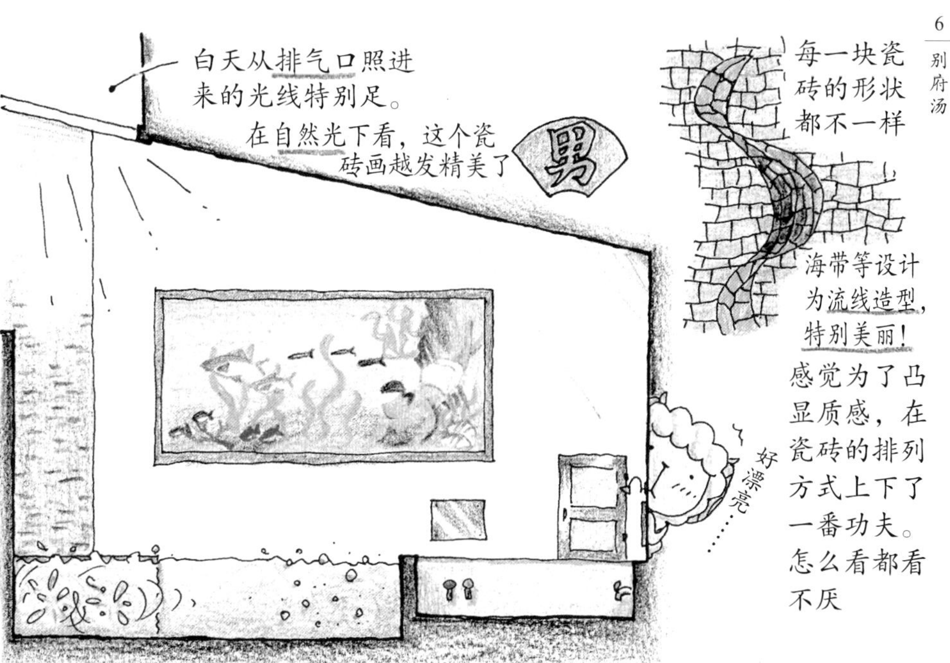

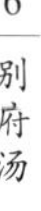

营业时间	15:00—23:00
定休日	星期六，每月第二个星期二
地址	京都市南区东九条石田町 25-1
电话号码	075-691-5616
停车位	有（2 个）
创业	1927 年（昭和二年）
建筑	1927 年（昭和二年）

札辻街
别府汤
地铁乌丸线
乌丸街
竹田街
十条街
十条站
阪神高速

源汤 ~观赏马赛克瓷砖画，感受品位不俗的格调，享受轻松一刻~

MINAMOTO-YU

说到钱汤，不少人脑海中都会浮现出“富士山油漆画”，但是在京都的钱汤中，多会使用马赛克瓷砖，细腻表现充满浓郁欧洲风情的连绵山脉和湖泊景色。

源汤也是其中之一。岩石浴池的表现手法令人叫绝，看上去与瓷砖画宛如一体。虽然在增设桑拿的时候，拆掉了部分瓷砖画，能够看出拆除范围控制在最低程度，是尽量保留了瓷砖画的施工理念。

在源汤，全家老少一齐上阵，兢兢业业，最近女婿也加入了进来，在设计和宣传上加大了力度。这样蓬勃发展、一派繁荣景象的钱汤，让人好生佩服！

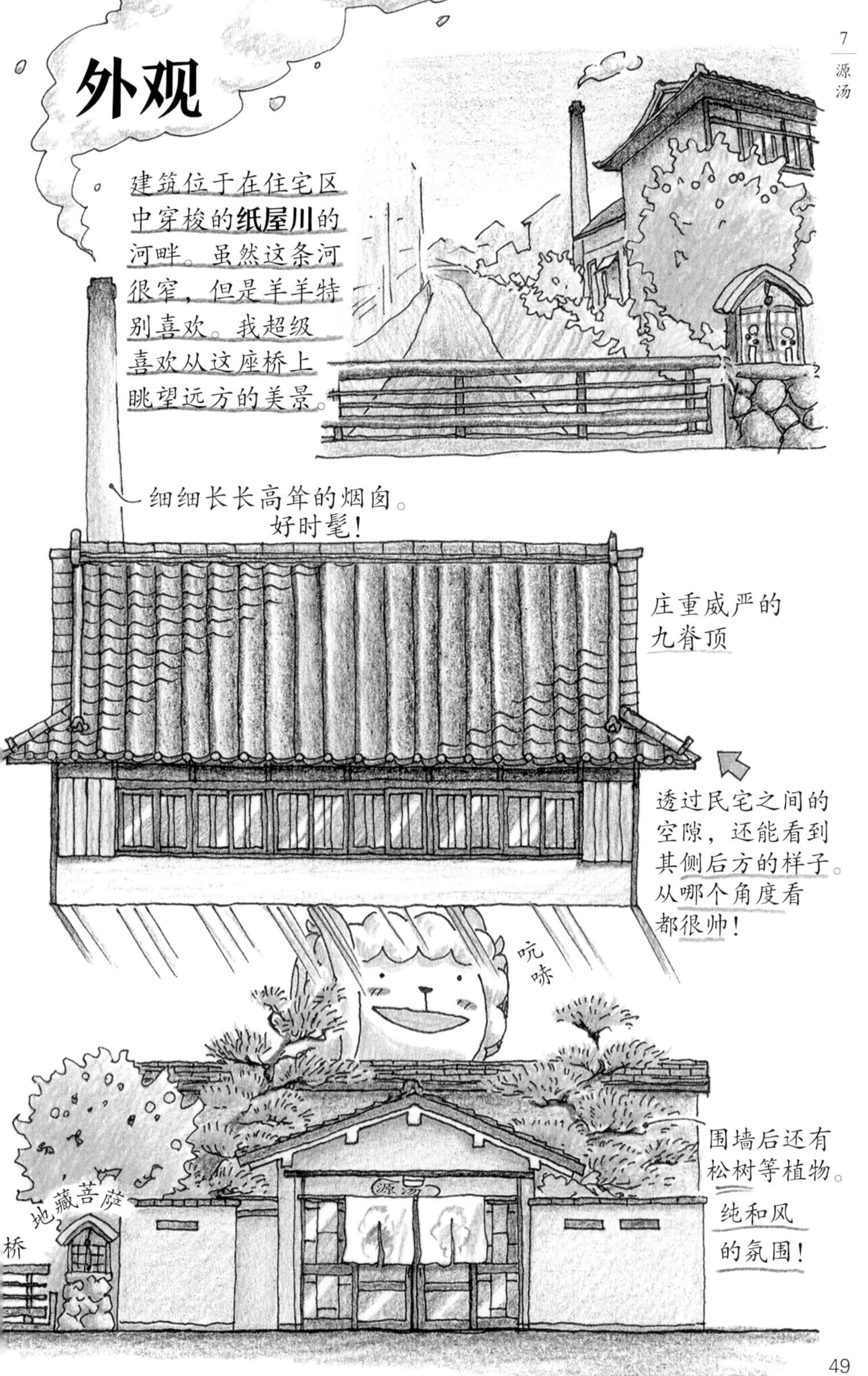
外观
建筑位于在住宅区中穿梭的纸屋川的河畔。虽然这条河很窄，但是羊羊特别喜欢。我超级喜欢从这座桥上眺望远方的美景。
细细长长高耸的烟囱。好时髦！
庄重威严的九脊顶
透过民宅之间的空隙，还能看到其侧后方的样子。从哪个角度看都很帅！
吭哧
围墙后还有松树等植物。
纯和风的氛围！
地藏菩萨
桥
源汤

布局

男女基本对称。中央的闪电形墙壁打造出动感十足的空间！

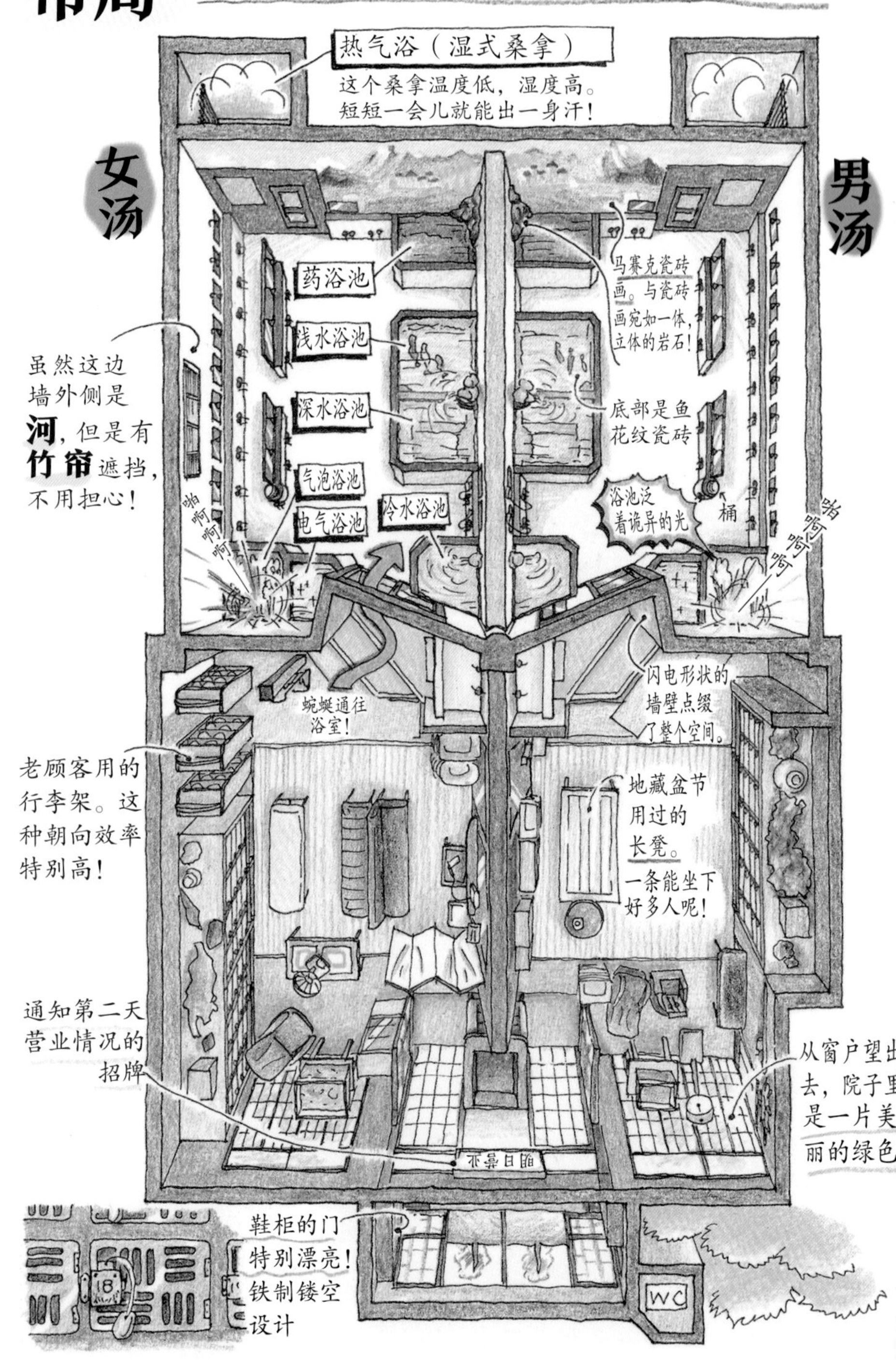

浴池

一个个浴池完全收敛不住玩心！

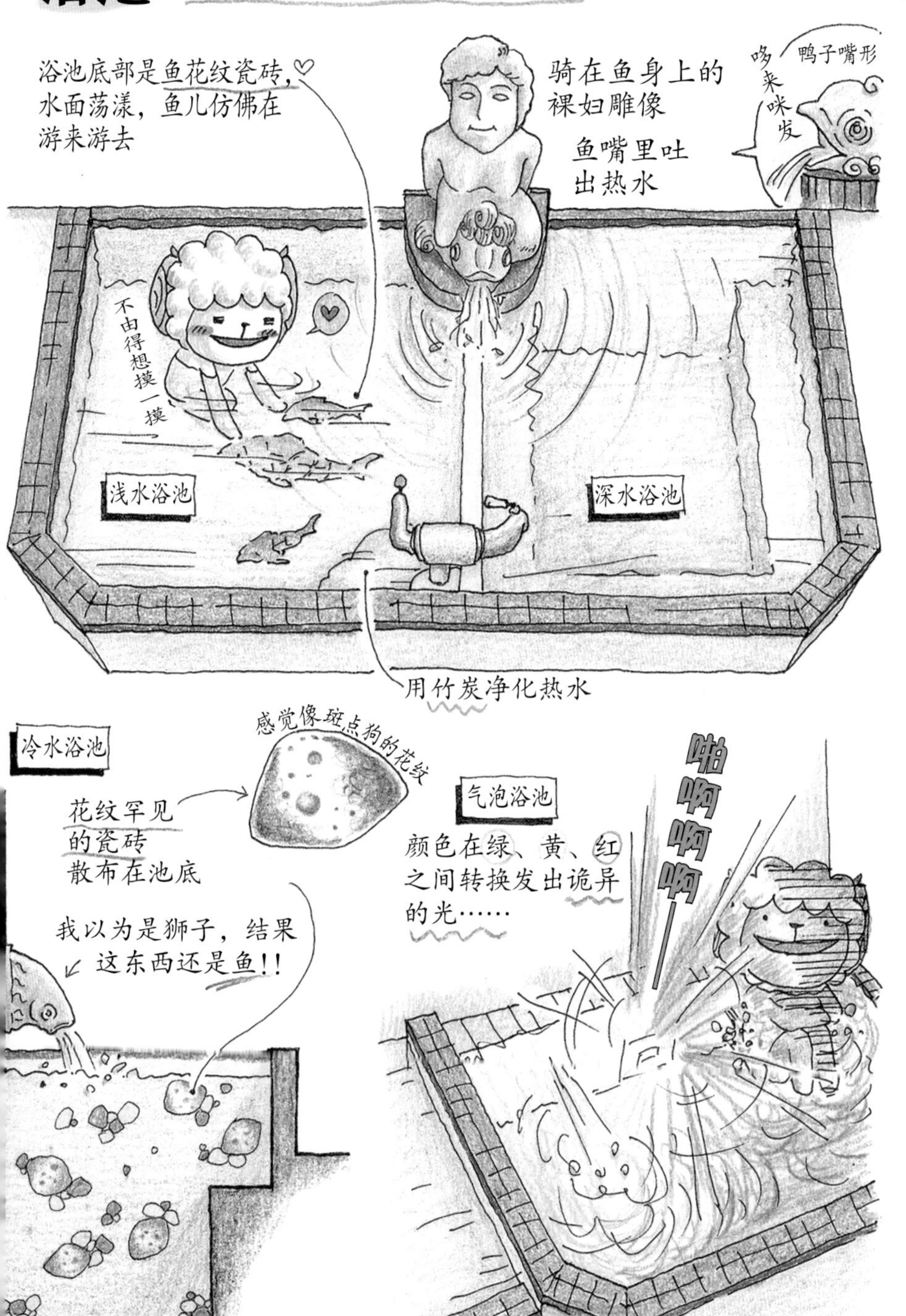

内景

除了品位不俗的内部装潢，钱汤还用老板收藏的古木等物品做了装饰，满满都是高大上的感觉。

天花板抬高的“吊顶”。是在格调高雅的房间使用的样式

仿龙形装饰流木

老板亲手加工的古木展示！

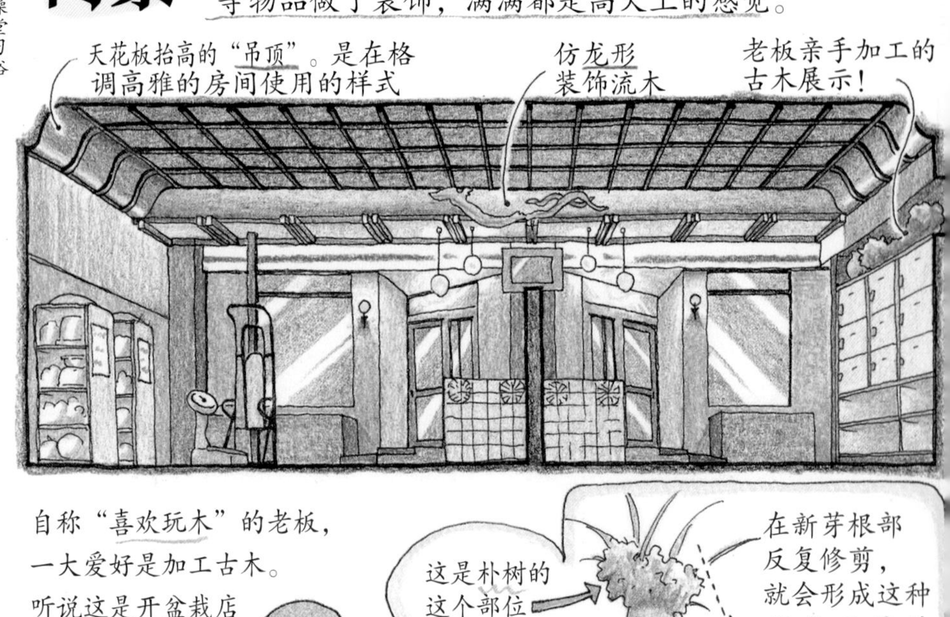

自称“喜欢玩木”的老板，一大爱好是加工古木。

听说这是开盆栽店的老顾客赠送的

这是朴树的这个部位

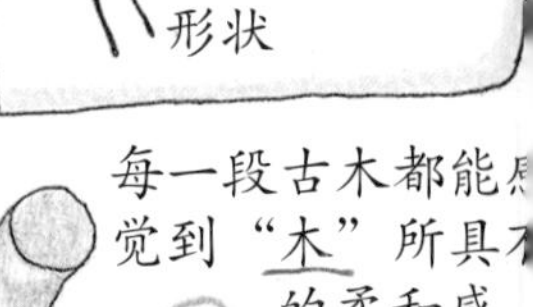

在新芽根部
反复修剪，
就会形成这种
凹凸不平的
形状

好大哦！
去掉腐烂
的部分，
整体打磨
闪着莹润
的光泽！

每一段古木都能感觉到“木”所具有的柔和感

这是松木

源汤

营业时间 14:00—25:00（次日凌晨1:00）
定休日 星期二
地址 京都市上京区御前街上之下立卖上北町 580-6
电话号码 080-3832-4126
停车位 无
创业 1928 年（昭和三年）前后
建筑 1928 年（昭和三年）前后

北野中学

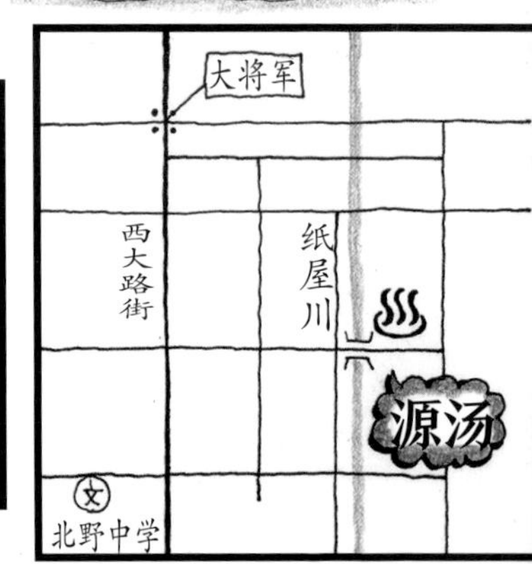

大将军
西大路街
纸屋川

源汤的时间线

老板女婿几乎每天都会推送信息。很有意思！我把其中一部分画出来给大家看。

以下是源汤的推特内容节选☆

地理位置坐落于上京区最西侧。

最哪侧……
听起来就很绝

源汤 今天也在营业呢！期待着大家的到来！

2015/08/24

钱汤的风景和开店宣传语也是很官方的。

源汤 燃料也拍个照……

2015/10/15

后方也是燃料！源汤把废旧材料当成柴火，进行重新利用。

源汤推特发文

桑拿梅汤 @umeyu_rakuen

梅汤老板决定举办音乐节!!
都是特别符合钱汤风格的曲子。敬请期待！

2015/09/28

还会发布其他钱汤的信息！

源汤 从前天开始，男更衣室里出现了一条河豚（笑）

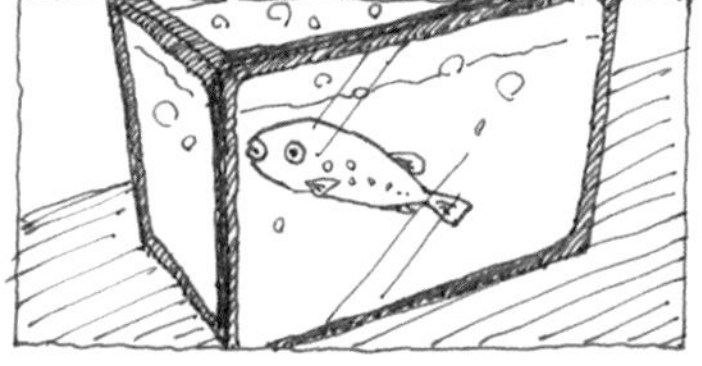

2015/11/07

源汤 请多多关照！

通知

10 月 4 日适逢瑞馈祭，
15 点到 16 点会有很多
小孩子，比较拥挤。
请您调整时间前来。
对于给您带来的不便，
我们深表歉意。

源汤

2015/09/25

事先通知，真是太管用了！

船冈温泉 ～唐破风背后徐徐展开的彩陶花砖万花筒～

FUNAOKA-ONSEN

走在富有古典气息的豆腐店和木材店林立的鞍马口街上，一堵格外有味道的石墙分外引人注目。招牌上写着“登记物质遗产　船冈温泉”。

是的，船冈温泉是一处被列入文化遗产的钱汤。温泉建于大正十二年（1923 年），原本是餐厅旅馆的附设澡堂。当时的建筑面貌至今保存完好，散发着浓郁的历史气息。更衣室的天花板和格窗工艺精巧细腻，还有令人眼花缭乱的彩陶花砖！

彩陶花砖是大正时期到昭和初期流行于市面上的瓷砖，它是在一枚一枚的瓷砖上做出凹凸纹路后，再通过手工作业，使用多色釉药着彩。很多彩陶花砖排列在一起看起来特别壮观，在船冈温泉，透过镜子和玻璃窗，花砖看上去就好像万花筒一样。请一定要实地体验一下这种感觉！

内景

内部装饰不仅技术性令人叹为观止，其图案主题来源于京都历史和文化这一点同样不容忽视。

榉木

格天花板

彩陶花砖

工艺精美细腻的浮雕。表现了牛若丸向鞍马天狗传授剑术的场景

镂空雕刻格窗。雕刻内容为葵祭等京都传统节日场景

看点很多的更衣室！

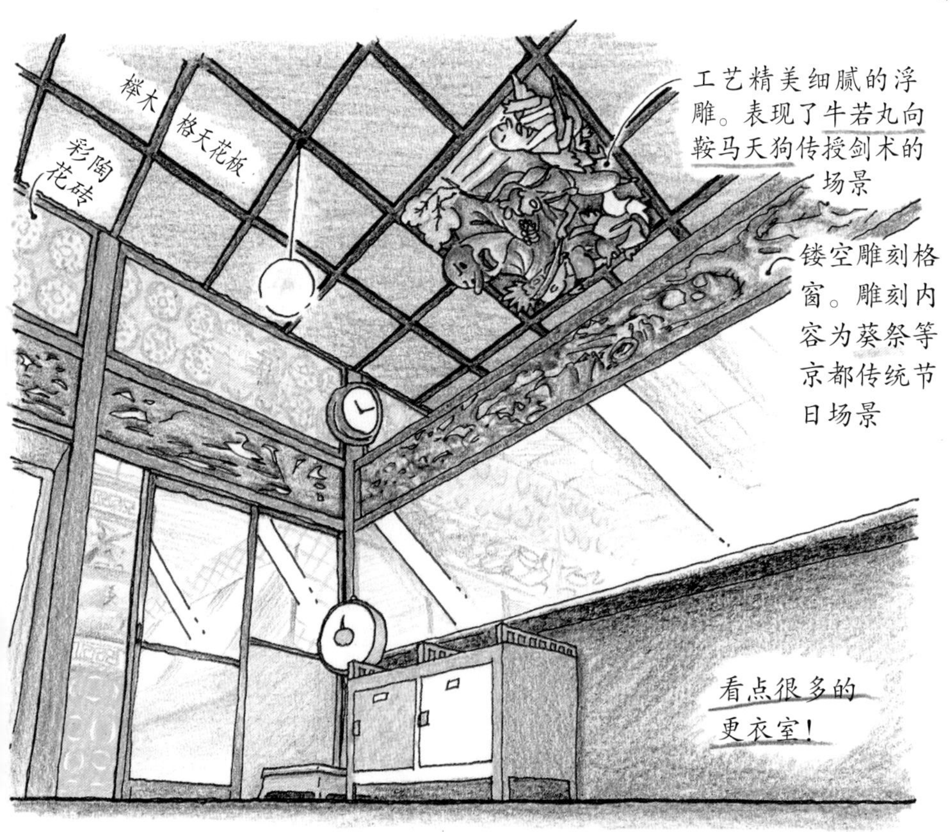

更衣室的入口也是日本风格装修。期待值简直要爆棚！

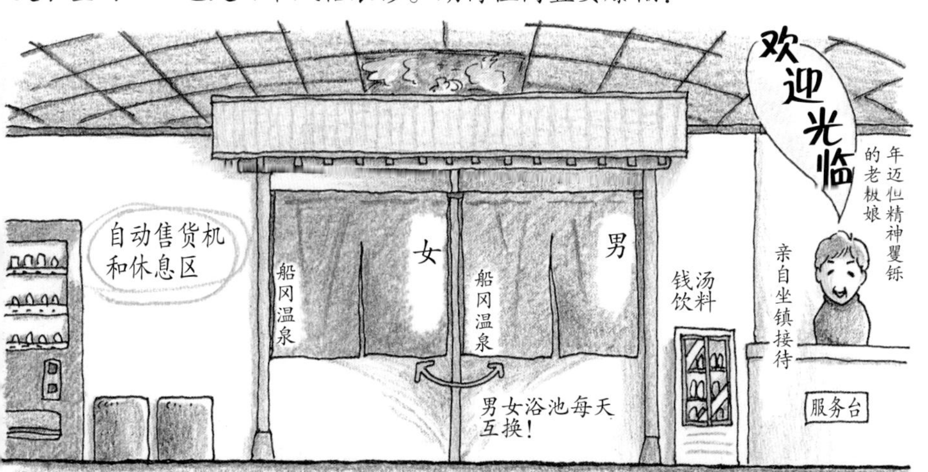

布局

男汤和女汤每天互换，岩石露天浴池和桧露天浴池各有其乐。连续两天去，两种都能体验到！

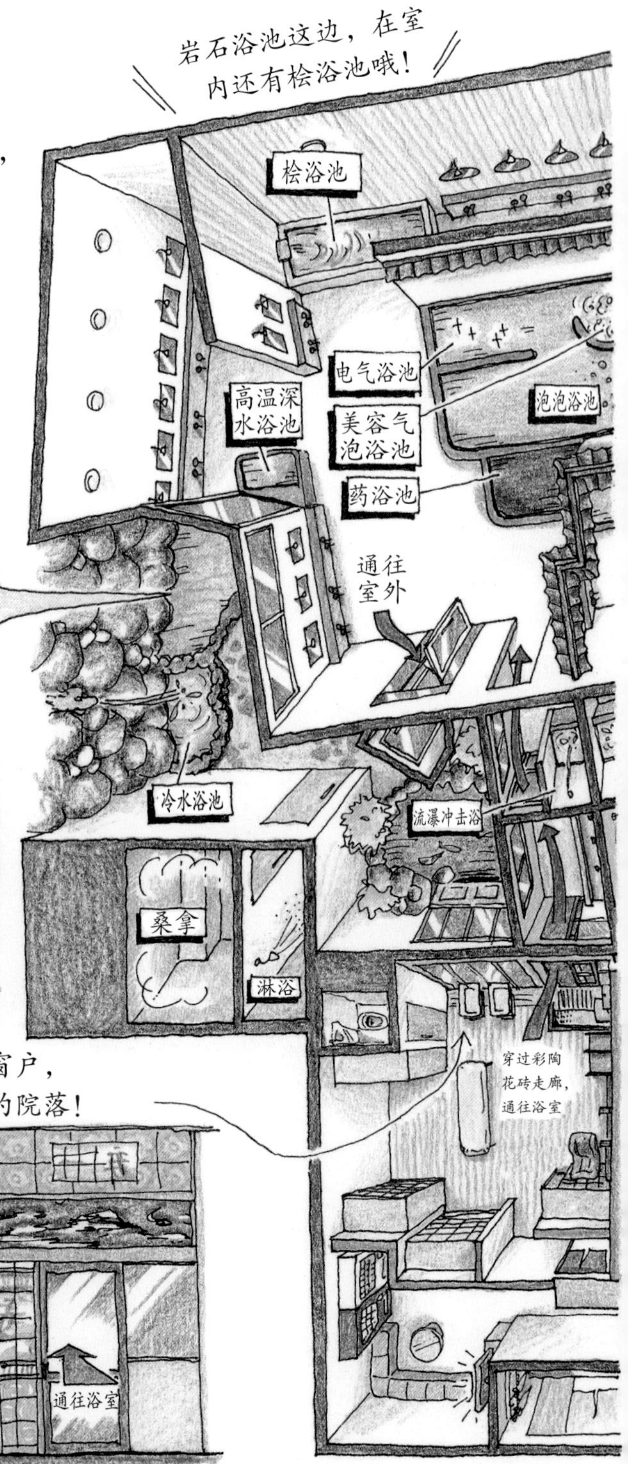

岩石露天浴池

白天是蓝天，晚上是浩瀚的星空

透过用彩陶花砖装饰的窗户，可以看见别有一番景致的院落！

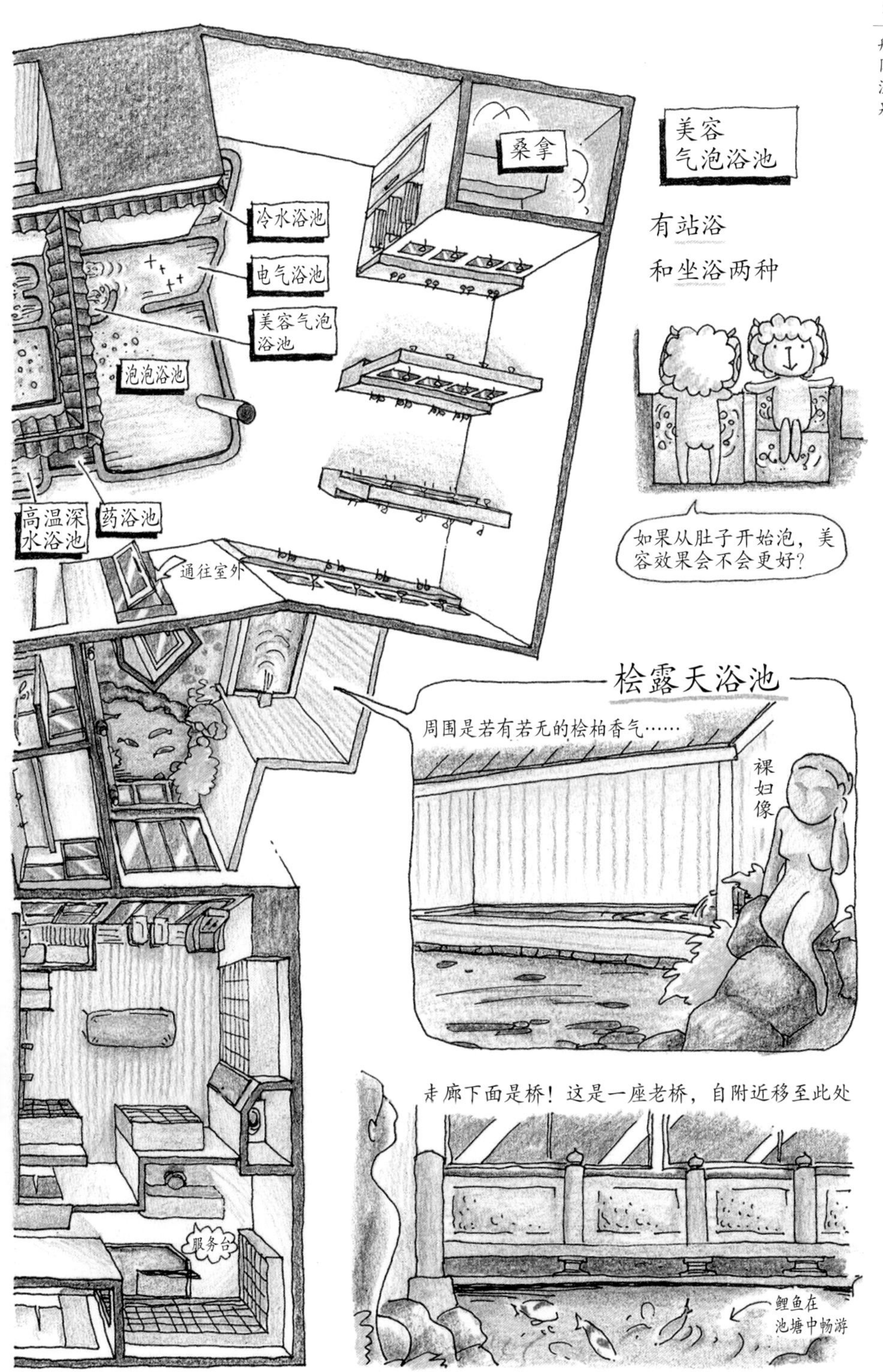
桑拿
冷水浴池
电气浴池
美容气泡浴池
泡泡浴池
高温深水浴池
药浴池
通往室外
美容
气泡浴池
有站浴
和坐浴两种
如果从肚子开始泡，美容效果会不会更好？
桧露天浴池
周围是若有若无的桧柏香气……
裸妇像
服务台
走廊下面是桥！这是一座老桥，自附近移至此处
鲤鱼在池塘中畅游

外观

豪华的石墙给马路景观增添了一抹亮色！后方的唐破风也会让人期待感倍增。旁边是一家温馨有爱的面包房，原是船冈温泉附设的理发店。

挺拔的松树是店铺的标志！

挡住木结构的人字形屋顶，伪装成四方形建筑物，即人们所说的招牌建筑

墙面也起到了招牌的作用

CHIPPRUSON 使用天然酵母的面包房

船冈温泉

仔细看看，会发现花式彩陶！！

（被挡住了）

石墙使用了京都名石鞍马石

还有船冈温泉直接经营的客栈（整租）。详情请到主页查看！

还有显眼的招牌。老板真精明！

满怀期待，进入唐破风！！

船冈温泉

营业时间	15:00—25:00（次日凌晨1:00） ※仅星期日 8:00—25:00 （次日凌晨1:00）
定休日	全年无休
地址	京都市北区紫野南舟冈町 82-1
电话号码	075-441-3735
停车位	有（11 个）
创业	1923 年（大正十二年）
建筑	1923 年（大正十二年）

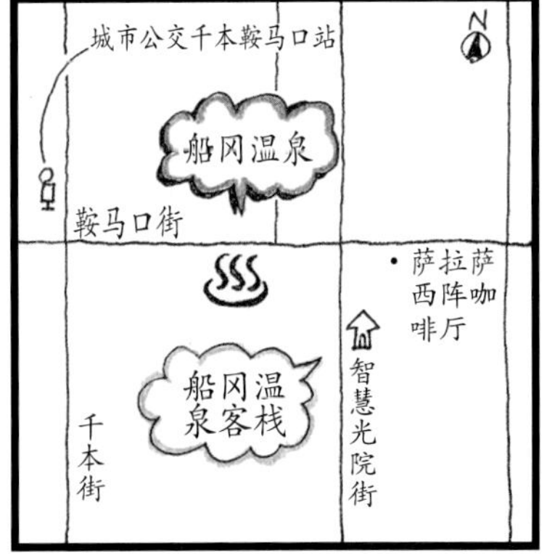

专栏 旧泉汤的瓷砖画

羽衣传说故事的世界

在松树婀娜多姿的海边。天女将年轻人发现的羽衣披到身上，冉冉飞升而去……

有一个地方，能够让人感觉仿佛进入了羽衣传说的世界，它就是伏见区的泉汤。泉汤内保存良好的瓷砖画，完美地诠释了羽衣传说的故事。

然而在平成二十七年（2015 年）的秋天，因疗养而不得不暂停营业的老板，在很多客人的依依不舍中离开了这个世界。这是钱汤仅仅歇业一天，然后仅仅重新开业几天后的事情。他向我们展示了将整个人生都投入在钱汤经营上，直到生命最后一刻。

浴室后方的瓷砖壁画也特别漂亮！

一道裂纹都没有！

瓷砖画的下落

随着老板的故去泉汤也倒闭了，拆除时，人们觉得至少要把瓷砖画保存下来。由于技术性的原因墙壁上的瓷砖画只能舍弃，但是腰线以下墙裙部分的瓷砖画却有了可以存放的地方。那就是 2016 年在瓷砖的产地岐阜县正式开放的多治见市马赛克瓷砖博物馆。它在讲述瓷砖历史的同时，也会为我们镌刻下新的时光印记吧？

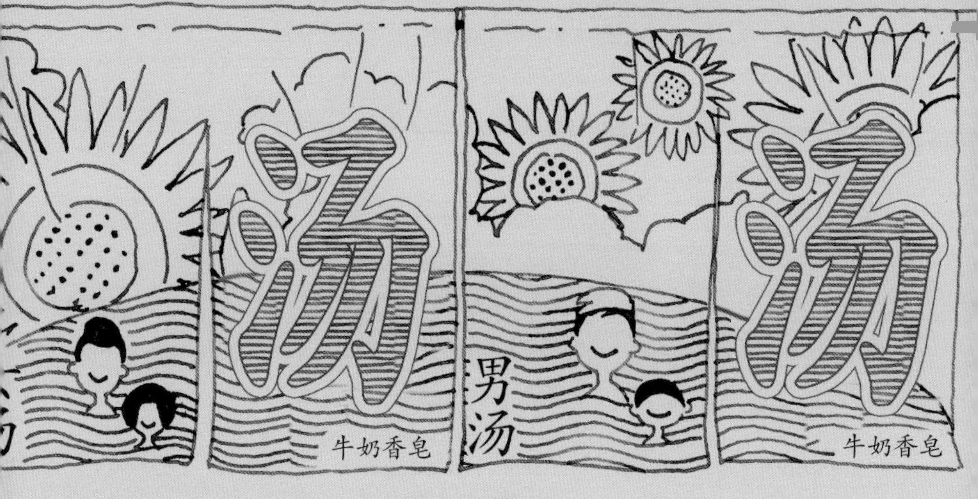

第四章

浴池比较有特色的钱汤

浴池的造型和布局花样百出。只有看了布局图才能了解，让我们把目光投向浴池看一看吧。

鸭川汤

~坐落于鸭川之畔，拥有大型浴池的气派钱汤~

KAMOGAWA-YU

鸭川汤这个名字源于贯穿市内，呈南北流向的河流——鸭川。它距离河边只有短短两分钟左右的路程。

以前，鸭川汤一直是老板娘一手经营，可惜她已不在人世。之后，从平成二十七年（2015 年）夏天开始，老板和儿子强强联手重新经营了起来。对于原贸易公司白领出身的儿子来说，经手金额从以亿为单位的数字降到区区 430 日元，变化未免过于巨大。不过他很积极地表示“更感受到钱的可贵”。店铺在经营上也下了力气，比如减少定休日、开放早间浴池等。

可能是因为地处河边，大家都说水质不错。游鸭川的时候，记得来体验一下哦！

选址

位于横跨鸭川（贺茂川）的北大路桥东侧。
自然风光丰富多姿，令人心旷神怡!!

布局

虽然整体来看为了契合这块地皮，房屋构造稍微有点变形，不过从室内往外看并没有这种感觉。这是因为各个房间都被规规整整地分隔开了呢！设计者的心思可真不简单。

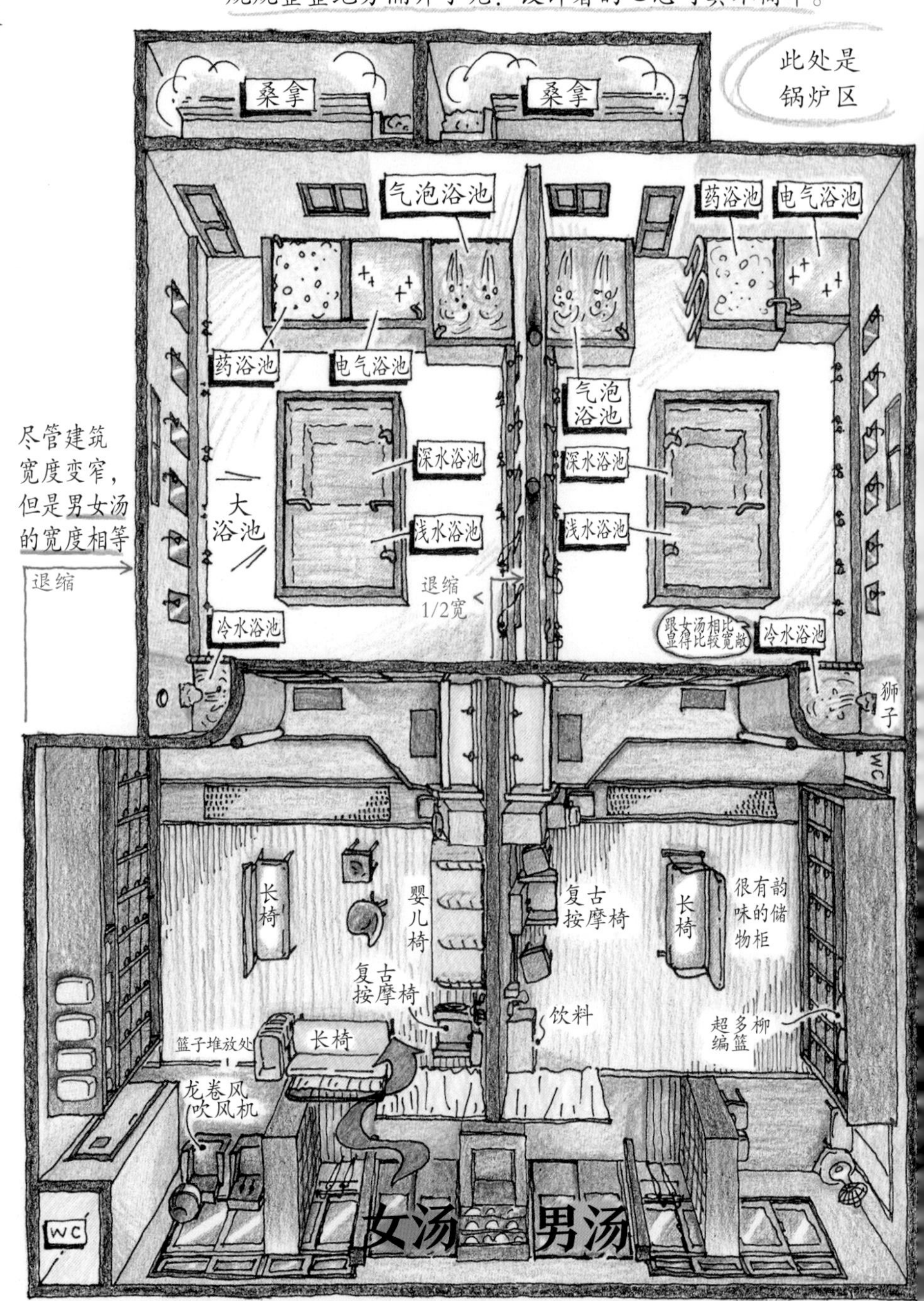

浴池

不靠墙，位于浴室中央的大浴池开阔感满满！

……你说在意周围人的眼光？根本没人看你（笑）

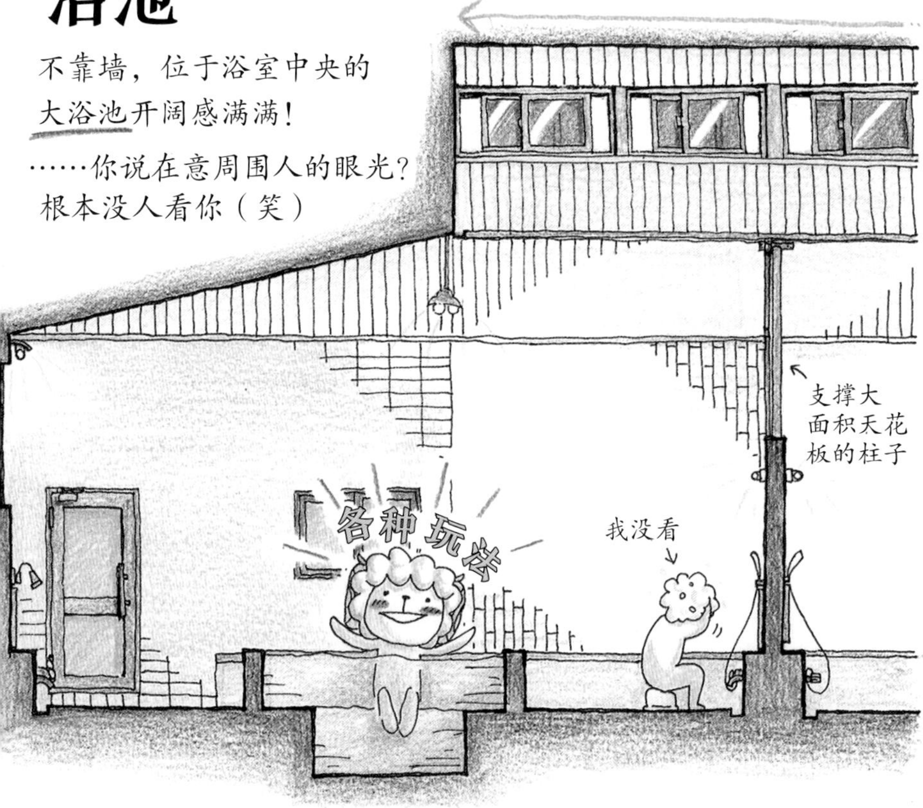

排气口也是超级——无敌宽！

支撑大面积天花板的柱子

各种玩法

我没看

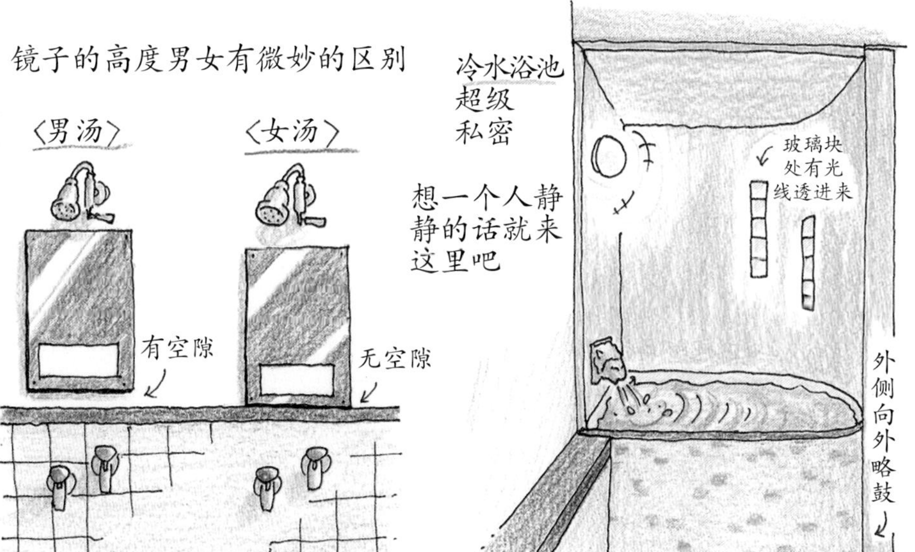

时间

在充满浓郁怀旧风情的鸭川汤，时间仿佛静止了一般。不过，时间绝对没有停止。层层叠叠的岁月、不断向前的光阴，的的确确就在这里。

因为上一代老板娘很爱惜老物件，数量众多的柳编篮（第26页）现在依然在使用。

其中有从已经倒闭的钱汤转让来的，也有用胶带修补过的，不得不感叹岁月的沧桑。

放柳编篮的储物柜也颇有一番味道……

是老板娘“要让钱汤重新开张”的遗愿激发了老板和儿子的斗志。

儿子告诉我们，自己会汲取亡母的经营理念，保留老物件，把钱汤一直办下去。

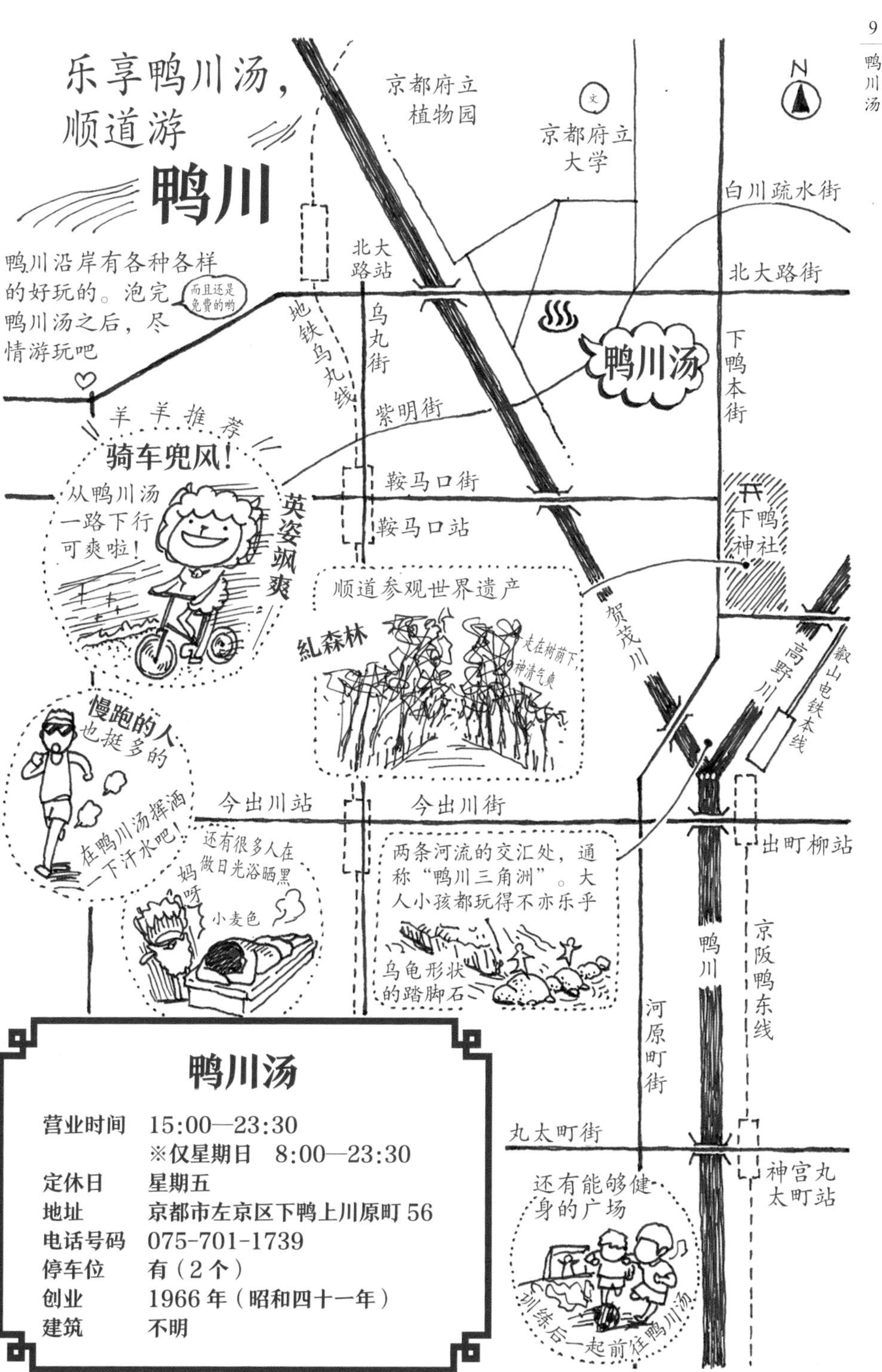

乐享鸭川汤，顺道游
鸭川
鸭川沿岸有各种各样的好玩的。泡完鸭川汤之后，尽情游玩吧
而且还是免费的哟
京都府立植物园
京都府立大学
文
N
白川疏水街
北大路站
北大路街
地铁乌丸线
乌丸街
鸭川汤
下鸭本街
紫明街
羊羊推荐
骑车兜风！
从鸭川汤一路下行可爽啦！
英姿飒爽
鞍马口街
鞍马口站
下鸭神社
顺道参观世界遗产
糺森林
走在树荫下，神清气爽
贺茂川
高野川
叡山电铁本线
慢跑的人也挺多的
在鸭川汤挥洒一下汗水吧！
今出川站
今出川街
出町柳站
还有很多人在做日光浴晒黑
妈呀
小麦色
两条河流的交汇处，通称“鸭川三角洲”。大人小孩都玩得不亦乐乎
乌龟形状的踏脚石
鸭川
京阪鸭东线
河原町街
丸太町街
神宫丸太町站
还有能够健身的广场
训练后一起前往鸭川汤
鸭川汤
营业时间　15:00—23:30
※仅星期日　8:00—23:30
定休日　星期五
地址　京都市左京区下鸭上川原町 56
电话号码　075-701-1739
停车位　有（2 个）
创业　1966 年（昭和四十一年）
建筑　不明

宝温泉 ～保留几近绝迹的“人类冲刷器”设施～

TAKARA-YU

京都伏见以好水著称。在这里，有效利用优质水进行的日本酒酿造业特别发达，但当地还将这一好水用于钱汤，堪称豪奢之举。宝汤即为上述伏见钱汤之一。

与京都中心相比，伏见土地面积广阔，能看见很多结构开阔大气的建筑。宝汤的建筑面积也很大，尤其是浴室，特别敞亮。其中还有昔日非常流行，但如今已经几近绝迹的旋转水流浴池，号称“人类冲刷器”。在京都市内仅有两家钱汤保留有这种设施，非常珍贵。

建筑上方招牌从右往左写着“宝温泉”，也能分分钟让人感受到昭和时代的气息。当时店内如有药汤，即可挂出“温泉”字样招牌，但听说现在行不通啦，所以改称“宝汤”了。86岁（2016年时）的老板娘会苦笑道：“不过那个招牌，确实没法改啊。”其实精神抖擞坐在柜台后面的老板娘，才是宝汤最好的招牌呢。

外观

虽然是木结构，但整体以灰浆抹就，流露出西洋风格，人们称之为“仿洋风”。

因为二层没有居住区，所以和京都其他钱汤相比，这里高度会矮一些，反正给人感觉是那种可可爱爱的外形。

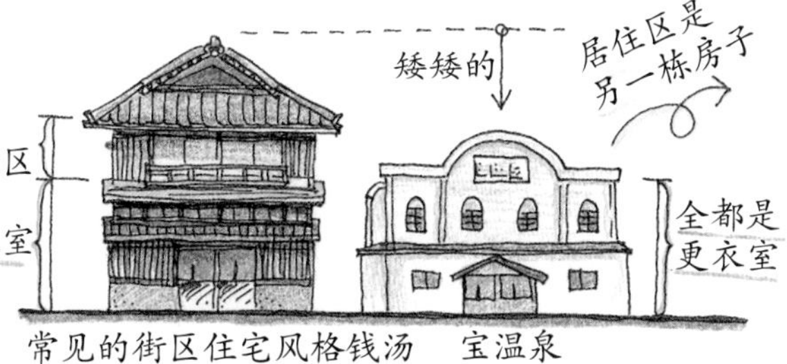

上半部分保留着昭和六年(1931年)刚竣工时的样子。听说窗玻璃也没有破损过呢！

所见之处都是特别精细的装饰！感受到匠人匠心了。

里面也很惊艳！！

女汤 男汤 汤 汤

下半部分，肉眼所见部分大多数是扩建的

这扇窗户会让你联想到扩修之前的样子……

这种平衡特别绝妙，感觉好心动♡

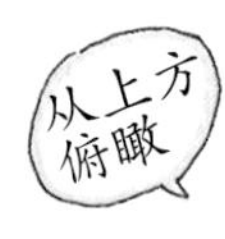

布局

乍看是男女对称的布局，但是仔细睁大眼睛寻找细微区别也是一种乐趣呢。

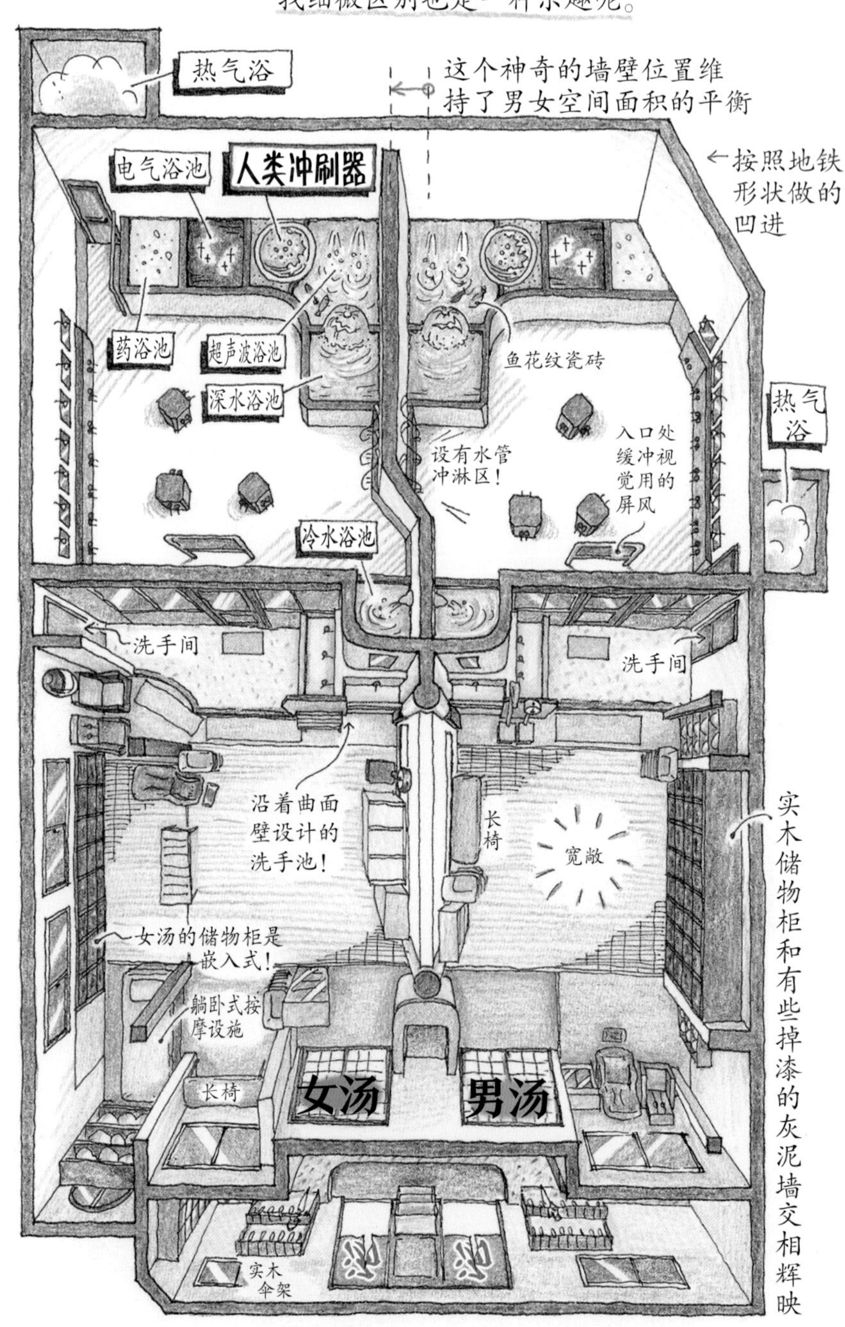

天花板

抬头看会更激动！尤其是更衣室，还保留着当初建造时的样子，我被细节装饰深深迷住啦。

大面积拱形天花板

大大的排气口

白天会有自然光照进来！

浴室

顺手做了个天窗

更衣室

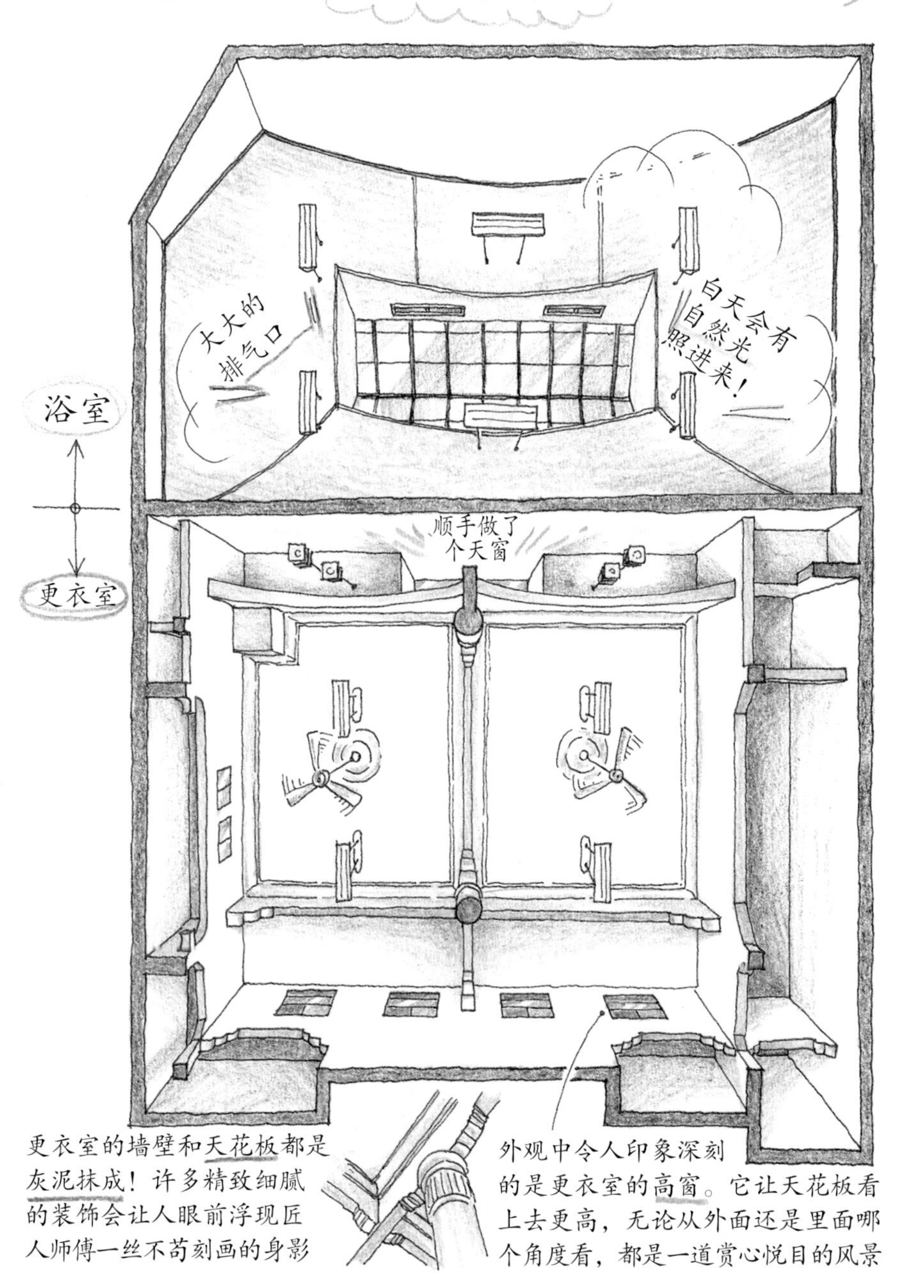

更衣室的墙壁和天花板都是灰泥抹成！许多精致细腻的装饰会让人眼前浮现匠人师傅一丝不苟刻画的身影

外观中令人印象深刻的是更衣室的高窗。它让天花板看上去更高，无论从外面还是里面哪个角度看，都是一道赏心悦目的风景

浴池

从吸引眼球的“人类冲刷器”开始，享受一下只有这里才有的沐浴体验。

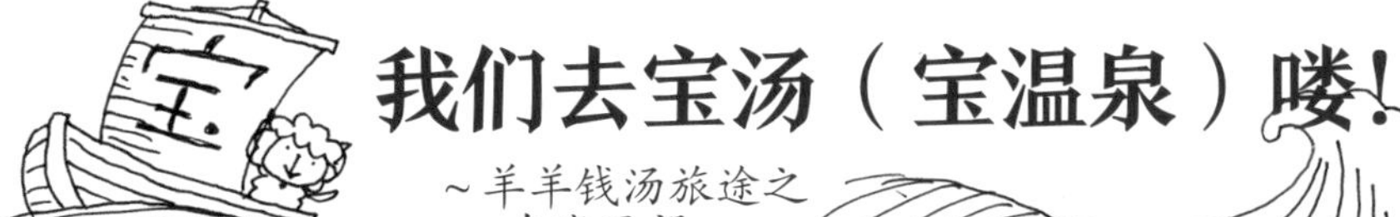

我们去宝汤（宝温泉）喽！

~羊羊钱汤旅途之东张西望~

在京阪电车中走马观花！车窗外掠过一个个旅游景点，感觉很兴奋！
祇园四条
清水五条
心情
激动
东福寺
伏见稻荷

藤森
站下车
哔！

跨过琵琶湖疏水运河……
跨过……
站在水边心旷神怡
喂！！不是要去宝汤吗？
过桥

一边感受深草商店街的风情……
萝卜好便宜……
拐过两个十字路口……

最后一个拐角处，就是这个招牌。很容易就能看到！
药浴 超声波
宝汤
！
谢天谢地——！

拐个弯后……
忽然之间
好……
好精致！！
到——啦——！
一路走来都很有趣。
务请一试！

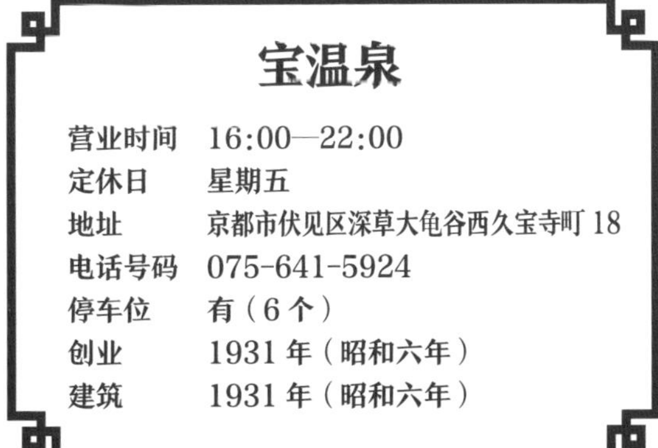

宝温泉

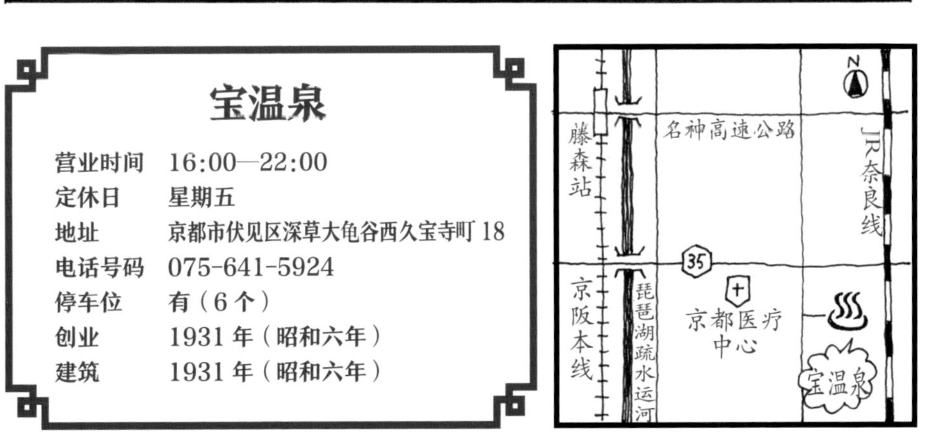

营业时间	16:00—22:00
定休日	星期五
地址	京都市伏见区深草大亀谷西久宝寺町 18
电话号码	075-641-5924
停车位	有（6 个）
创业	1931 年（昭和六年）
建筑	1931 年（昭和六年）

N
名神高速公路
JR奈良线
藤森站
35
京阪本线
琵琶湖疏水运河
京都医疗中心
宝温泉

明治汤

~泡在水流湍急的浴池里，打造十足沐浴休闲感~

MEIJI-YU

从北区的船冈山周边一直到大德寺一带区域，至今都是无数钱汤聚集，彼此竞争激烈的地方。以坐落于其南端的明治汤为界，南侧是一大片没有钱汤的区域。对于住在这里的人们来说，明治汤应该是最近的一家钱汤了，也可以说，它是很多人的生活支柱。

这样的明治汤，即使不是最近的，也有很多吸引人前往的要素。其中之一就是大大的浴池。由于气流猛烈，浴池内形成了水流，感觉就像一个流动的水池！

不知不觉，你会觉得童心回归，玩心大起。如果你带着这种心情来到这里那真是再适合不过了。（不过要注意别玩过了，以免给周围添麻烦！）

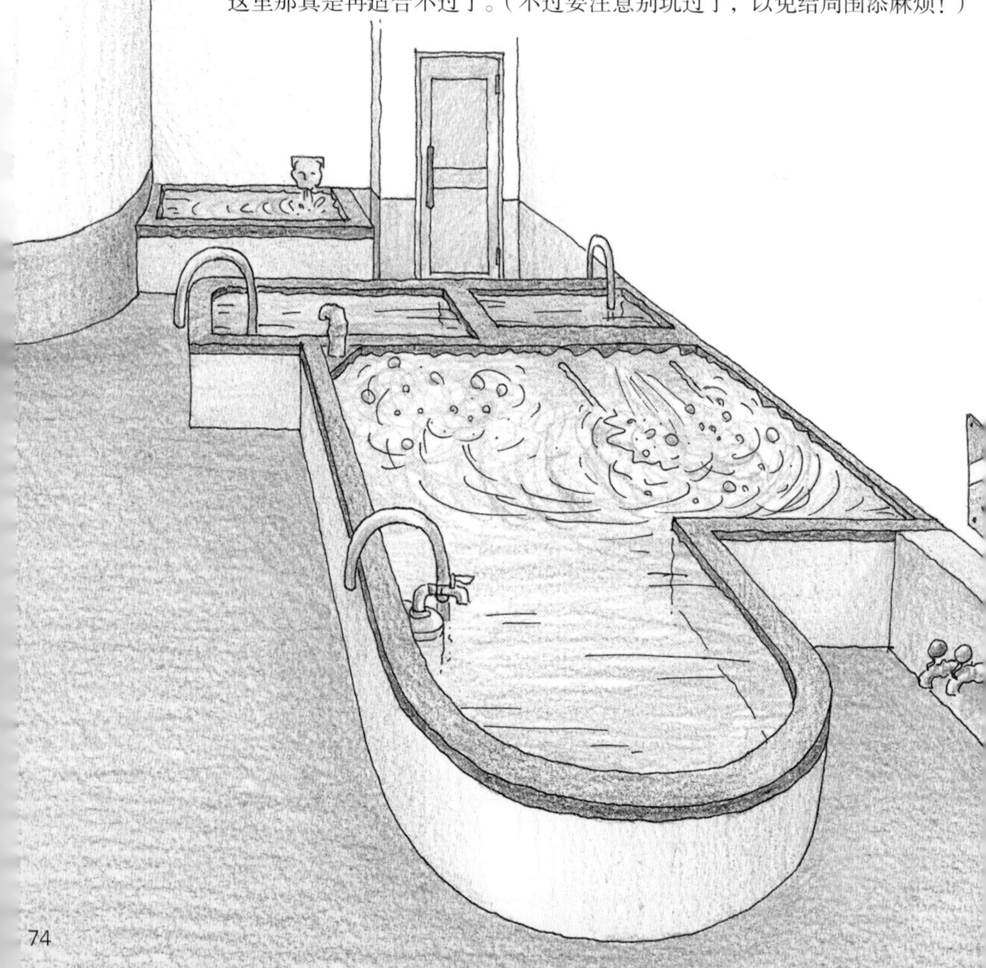

外观

玄关是加盖的，比较新，但是抬头往上看，二层保留了建设初期的街区民宅风格，属于具有历史感的混搭设计。

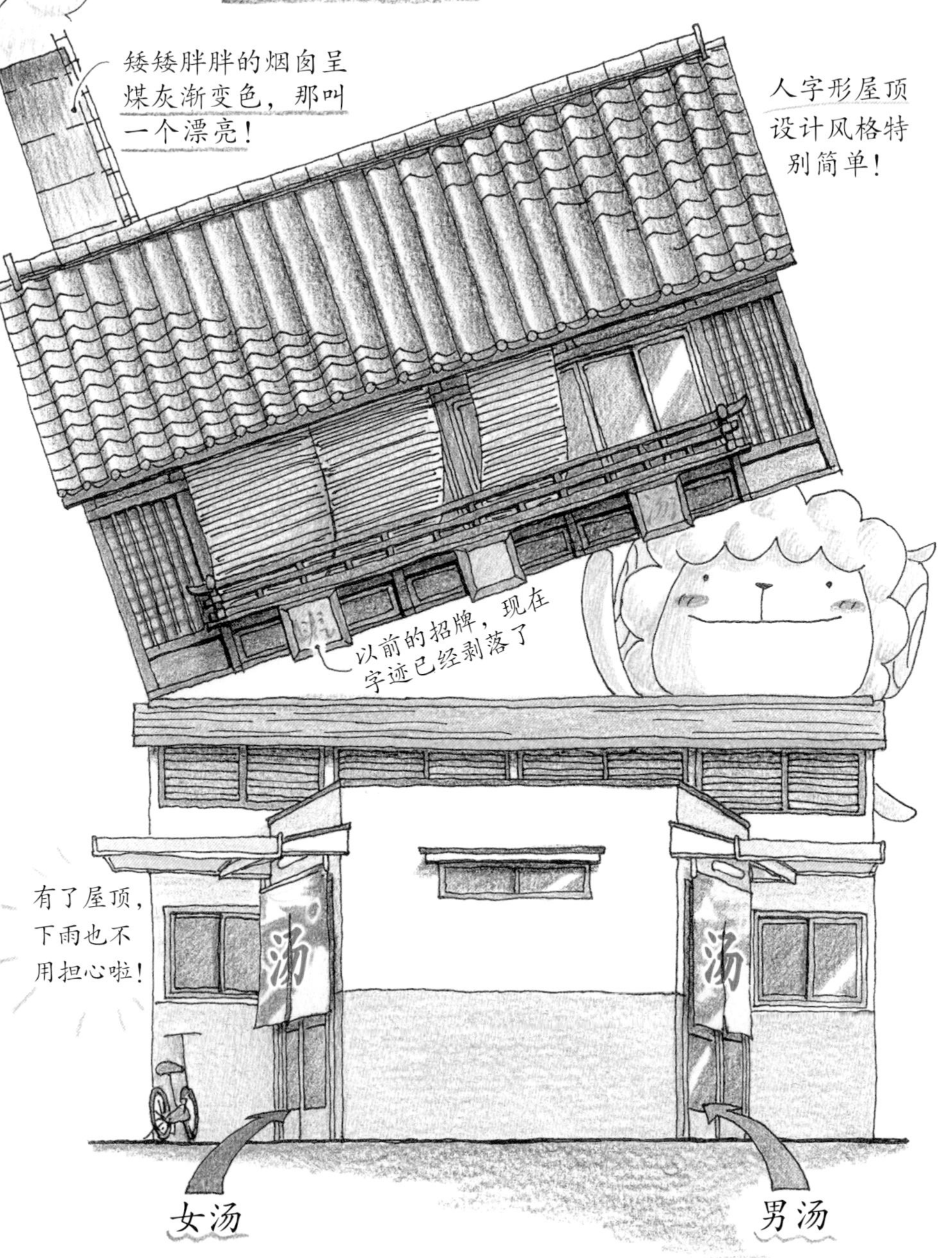

明明男女入口分得这么明确，玄关处却是男女共用!!

里面究竟是什么样的呢

布局

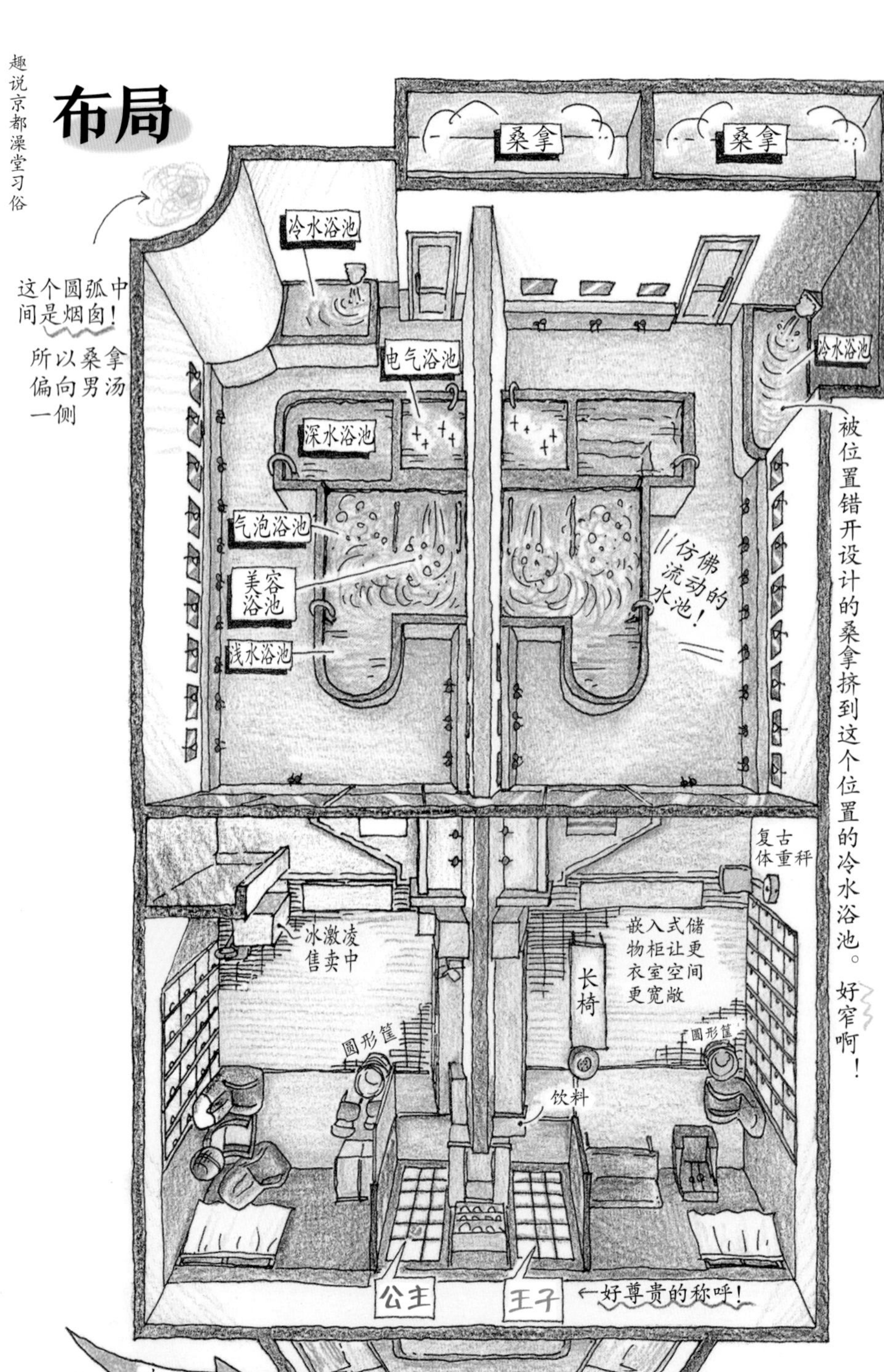
桑拿
桑拿
这个圆弧中间是烟囱!
所以桑拿偏向男汤一侧
冷水浴池
电气浴池
深水浴池
冷水浴池
被位置错开设计的桑拿挤到这个位置的冷水浴池。好窄啊!
气泡浴池
美容浴池
浅水浴池
仿佛流动的水池!
复古体重秤
冰激凌售卖中
嵌入式储物柜让更衣室空间更宽敞
长椅
圆形筐
圆形筐
饮料
公主
王子
←好尊贵的称呼!
来看看
虽然男女分开进入,但是在这里碰头(笑)

浴池

浴池设计独特，每个浴池中都有无限的乐趣。
就像便当盒一样！来吧，请不要客气！

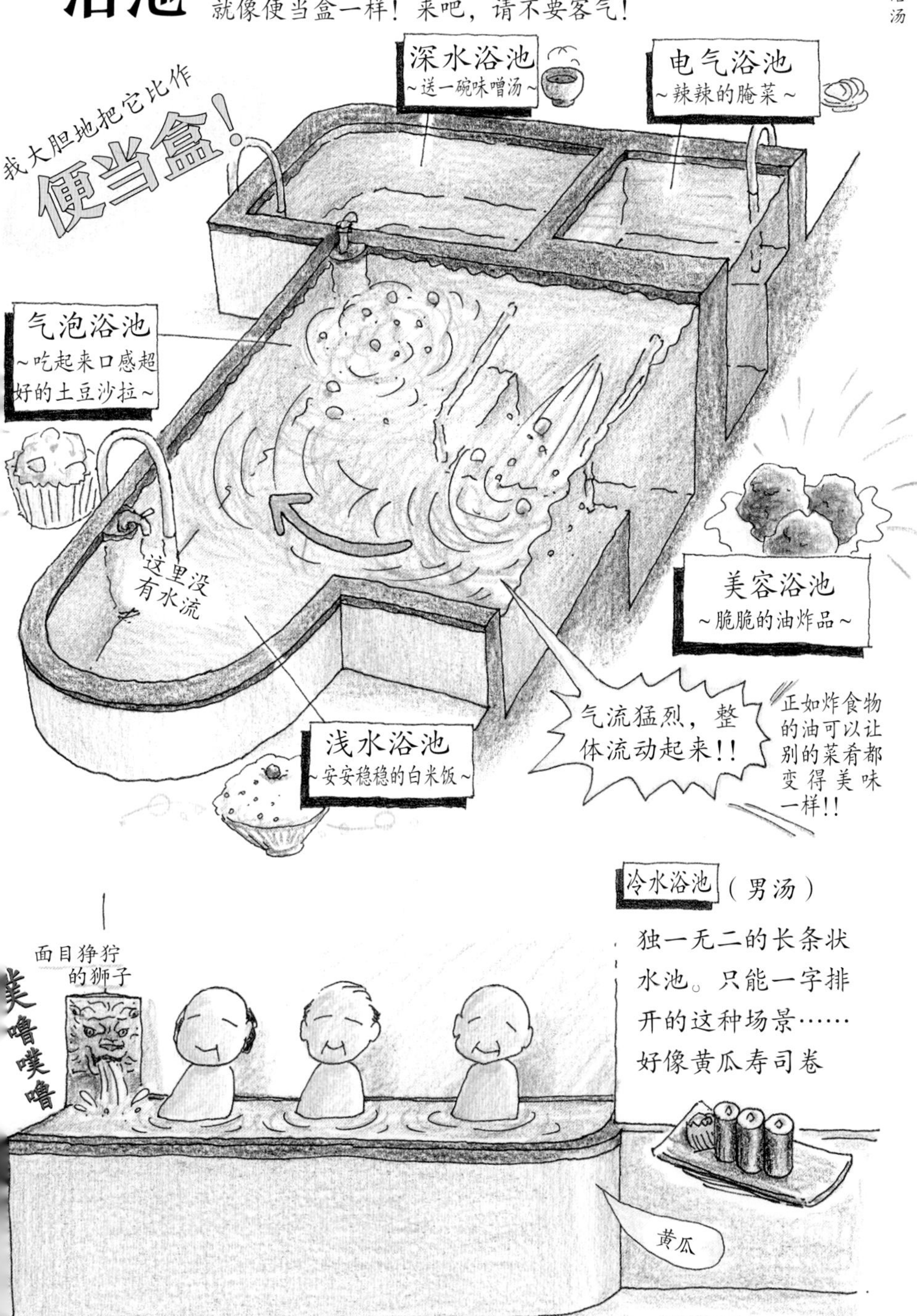

内景

更衣室一眼看上去很普通……如果你这么想的话，就大错特错啦！这里有非常特别的地方！

与第26页介绍的篮子文化相反，明治汤的储物柜不够深，放不进篮子。取而代之的是，店里提供容量足够大的圆形筐。

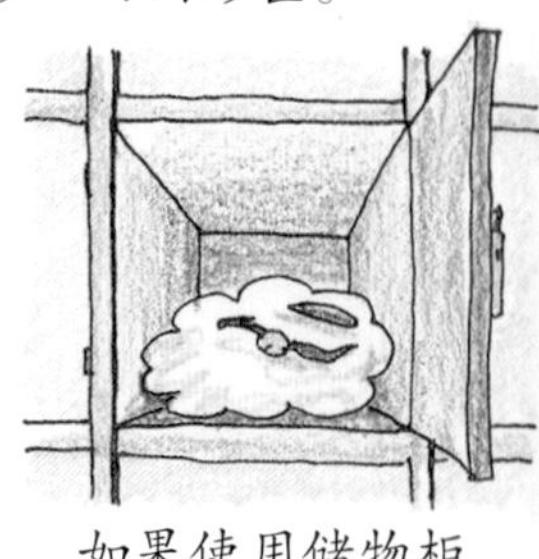

如果使用储物柜，直接放进去好了。

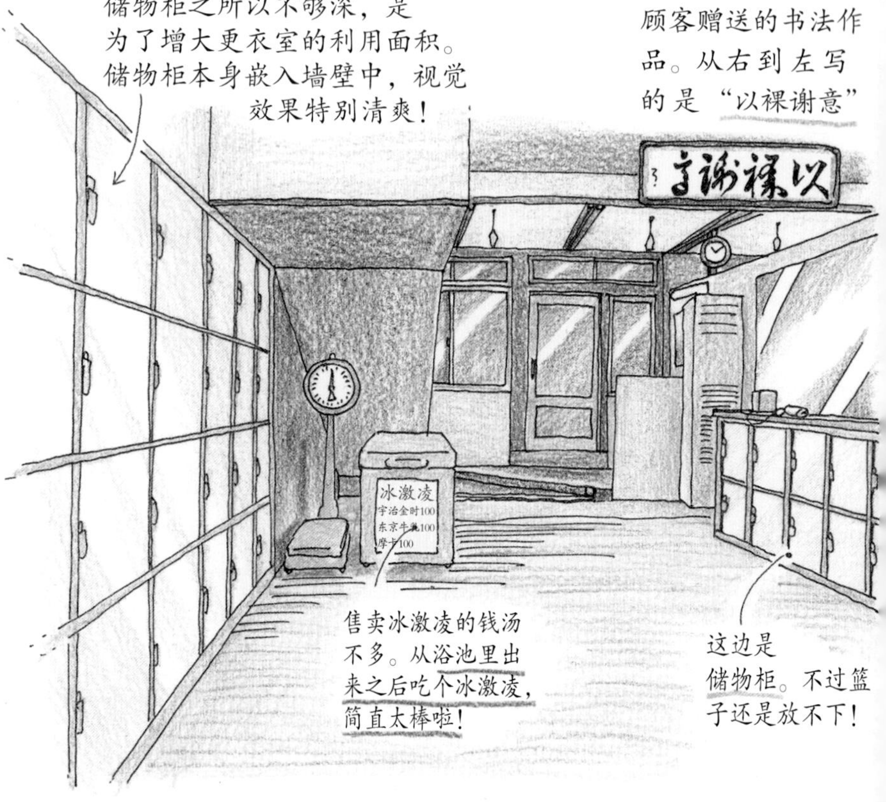

储物柜之所以不够深，是为了增大更衣室的利用面积。储物柜本身嵌入墙壁中，视觉效果特别清爽！

一位上了年纪的老顾客赠送的书法作品。从右到左写的是“以裸谢意”

冰激凌
宇治金时100
东京牛乳100
摩卡100

售卖冰激凌的钱汤不多。从浴池里出来之后吃个冰激凌，简直太棒啦！

这边是储物柜。不过篮子还是放不下！

明治汤逸闻趣事

马上就要关门了！得赶紧收拾好回家……

着急

着急

晚上好！

晚上好！

辛苦啦

现在要来客人吗？

是兼职的孩子们哦！

老一辈经营了两家店，所以扫除就雇兼职的人来做了。现在也沿袭了这一做法。

嚯——两家店做起来应该很辛苦吧……

夫妻俩一人管一家啊！奶奶负责这家明治汤。

爷爷租下了附近的藤森汤。

爷爷上了年纪，就把藤森汤还给了它的所有人船冈温泉。

现在已经变成一家咖啡厅了

哦！

这不是萨拉萨西阵嘛——！！！

满墙都是彩陶花砖！

历史价值也不容小觑！

爷爷是个爱干净的人呢！

所以瓷砖的保存状态非常好……！

详情请见下页

明治汤

营业时间	15:00—24:00
定休日	星期日
地址	京都市北区紫野西藤之森町 1
电话号码	075-431-3789
停车位	无
创业	不明
建筑	1931 年（昭和六年）

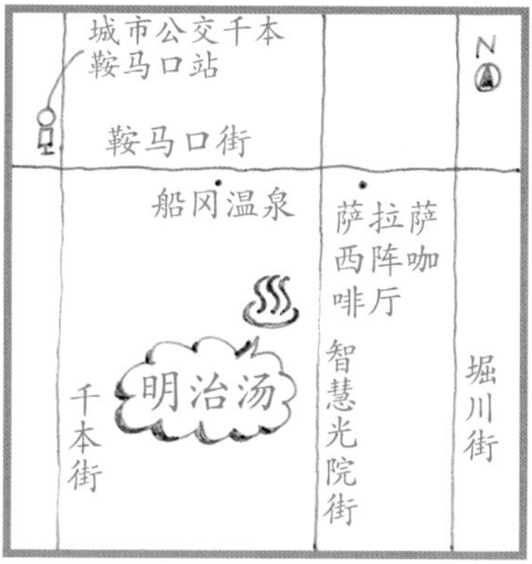

城市公交千本鞍马口站

鞍马口街

船冈温泉

萨拉萨西阵咖啡厅

明治汤

千本街

智慧光院街

堀川街

N

专栏 萨拉萨西阵咖啡厅

钱汤改造成咖啡厅

这栋建筑原是一家名为藤森汤的钱汤。“这里曾经是更衣室吗?”带着这种想象在这里消磨时光也是很有意思的呢!

【萨拉萨西阵】
营业时间:12:00—23:00(末次点单:22:00)
定休日:每月最后一个星期三
地图:参考第 59 页

充分品味钱汤气息!

钱汤印记无处不在。贴满整面墙壁的彩陶花砖、将男汤与女汤隔开的墙壁、从排气口照进来的太阳光……

每月雷打不动的现场表演也能让人切身体会到声音的优美。对,就是在浴池里唱歌,心情特别美的那种感觉。原声三重奏组合“ZAHATORTE”的现场演奏在曾经是浴室的空间里久久回响。

周边还有这座建筑的所有者——船冈温泉(第 54 页)。另外,藤森汤曾经一度由附近的明治汤(第 74 页)的老辈人经营。这两个地方都去一下,你肯定会收获更多的乐趣!

第五章

个性满满的！可以偶遇小动物的钱汤

浴室中碰到小动物！
光着身子与它对视，
反而有种被对方看光的感觉，好奇特！

樱汤（河原町 丸太町）~泡汤时可以观赏气势恢宏的大画面锦鲤~

SAKURA-YU

从京都御苑向东前往鸭川途中，沿一条小路向北走，就会有一座可爱的拱形大门映入眼帘。这个拱门，你绝对想不到，是樱汤的老板亲手建造的！像漏雨维修、柳编篮的修理等，也都是自己动手。

而在柜台后对顾客们笑脸相迎的老板娘，精通书道，可以在更衣室欣赏到她的作品。弥漫在樱汤中的柔和而温馨的气氛，或许就是因为夫妻两人如此用心经营才产生的呢。

再往里走进入浴室，你会大吃一惊，这游来游去的不是锦鲤吗？真气派！泡在汤池内，可以零距离观赏，实属奢侈！这个设施会把入浴时间变成一段非常特别的时光。

一定要体验一下哦！

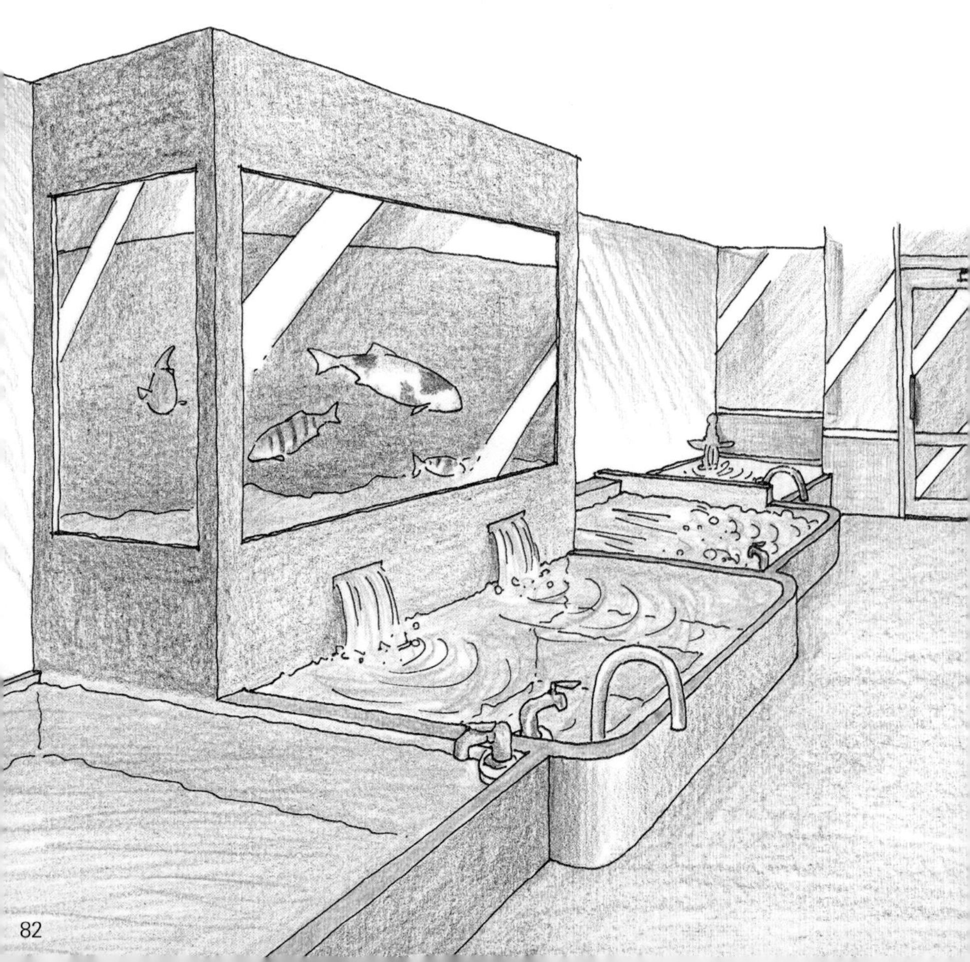

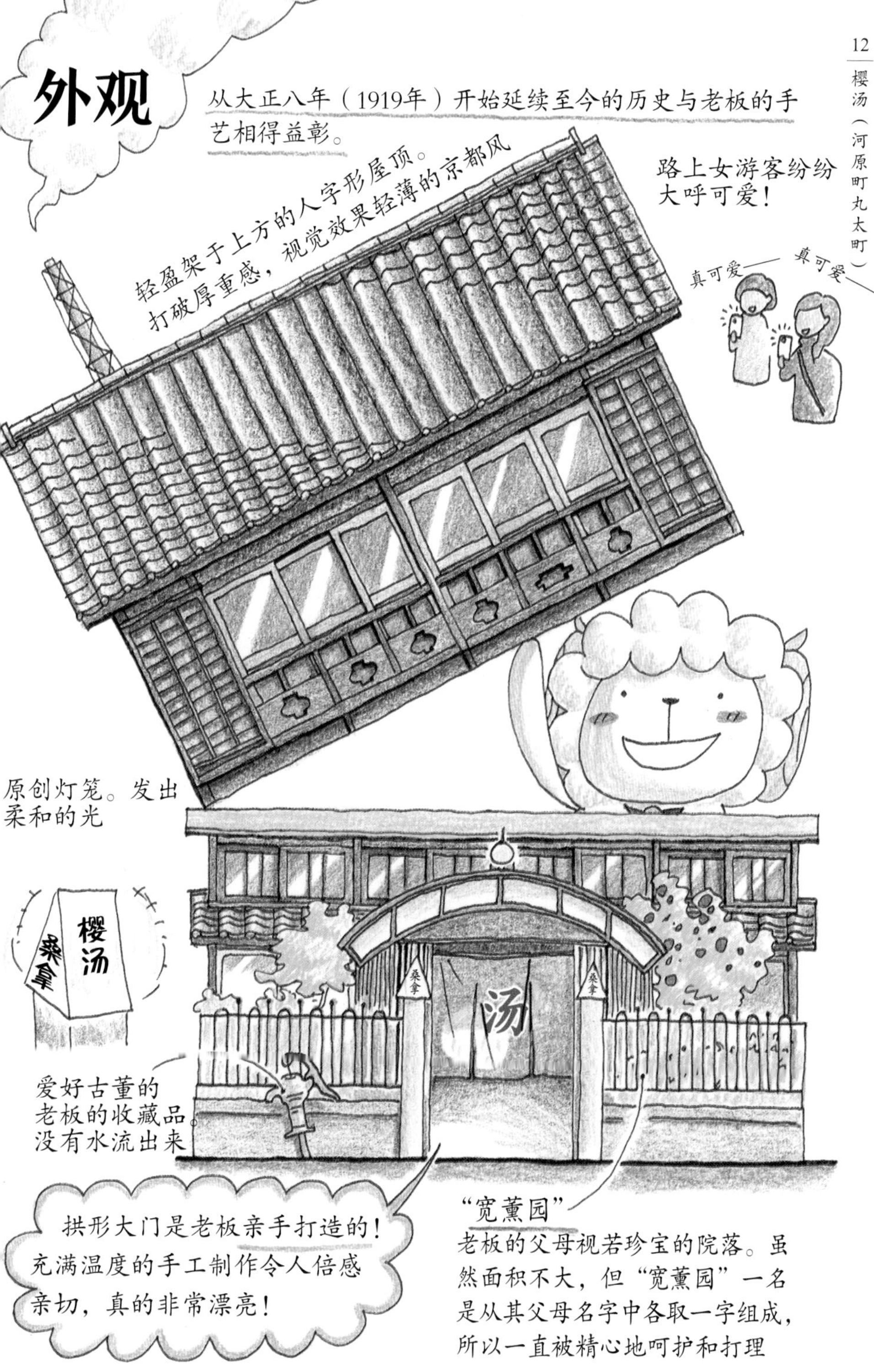
外观
从大正八年（1919年）开始延续至今的历史与老板的手艺相得益彰。
轻盈架于上方的人字形屋顶。打破厚重感，视觉效果轻薄的京都风
路上女游客纷纷大呼可爱！
真可爱
真可爱
原创灯笼。发出柔和的光
樱汤
桑拿
桑拿
桑拿
汤
爱好古董的老板的收藏品。没有水流出来
拱形大门是老板亲手打造的！充满温度的手工制作令人倍感亲切，真的非常漂亮！
“宽薰园”
老板的父母视若珍宝的院落。虽然面积不大，但“宽薰园”一名是从其父母名字中各取一字组成，所以一直被精心地呵护和打理

布局

男女对称规整的布局。绘画和书法作品也恰到好处地布设于两处空间中。

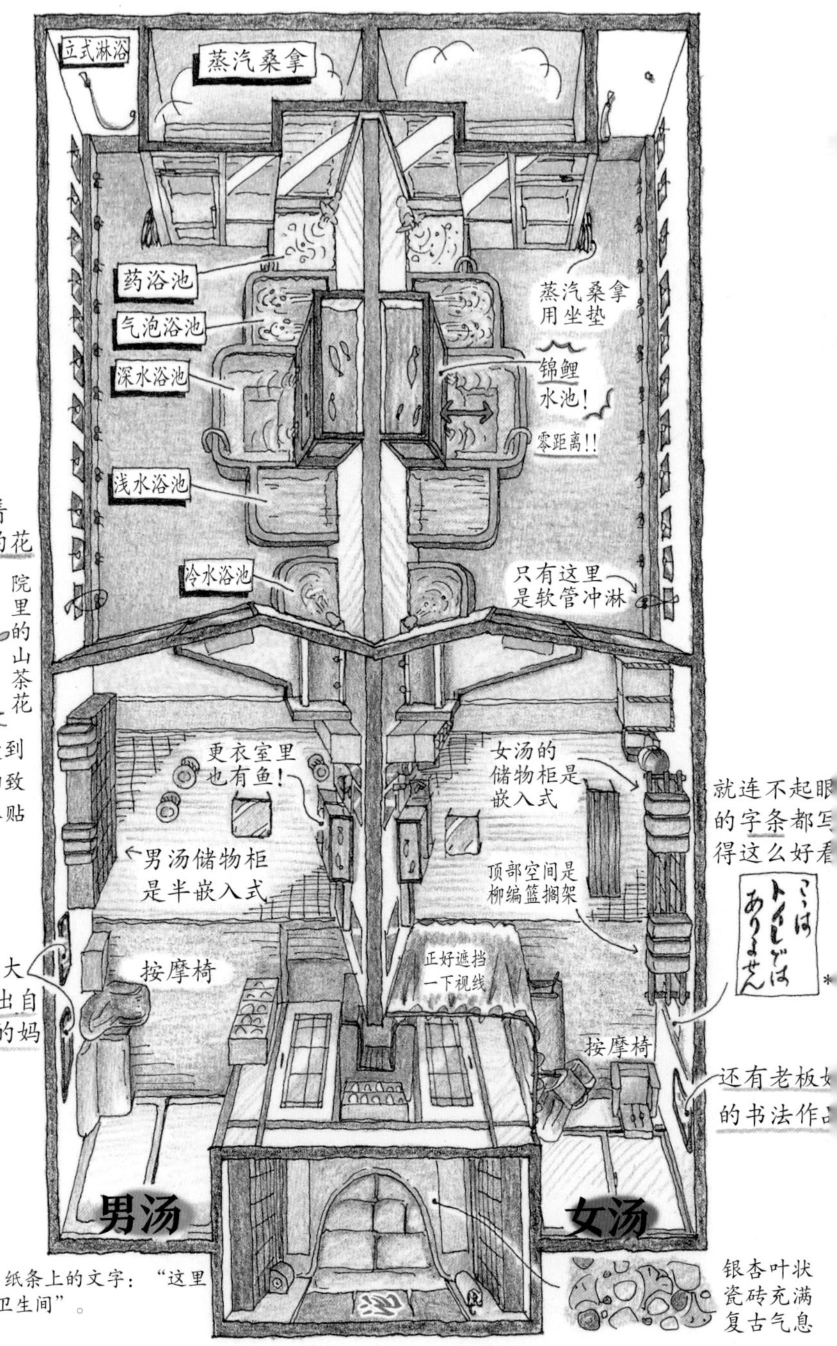

*注：纸条上的文字：“这里不是卫生间”。

浴池

浴室中，跟随跃入眼帘的锦鲤们摇来晃去，尽情享受快乐的时光！

这里曾经一度由浴室水池改为瀑布和流淌热水的竹筒。借着上述设施破损的机会，加上老板儿子喜欢鱼，就重新改成了鱼缸！

蒸汽桑拿

湿度爆表！
汗流浃背！

因为是从座位下面冒热气，所以要用坐垫阻隔高温！

使用后要洗一洗再放回去哦！

立式淋浴

就在桑拿隔壁，在这儿落落汗真是再合适不过了！

去浴池之前要先把汗冲干净哦！

内景

在珍惜老物件的老板夫妇的精心呵护下，室内所有的物品经过岁月的打磨，闪着莹润的光泽。

樱汤的夫妻俩

爱好超多、勇往直前的老板与性格开朗，一心守护店铺的老板娘堪称最强组合！

亲手建造大门的老板！

最近又有什么爱好？

汤

石头吧！

我又搞到了庭院景观石！有好几块这——么大的

死沉死沉的，怎么弄啊

严厉地

夫妻俩的日常对话

老板娘

但是就不放手

故意打岔

最后放任不管

老板娘，您工作的时候好像特别开心呢！

是的呢。客人一来感觉就有精神了呢。

现在人们不大跟周围的人走动，这里是为数不多的交流空间。

上了年纪也能有个这样的地方待着，做这样的买卖真的很不错。

感动

说得真好……

樱汤夫妇二人就是爱开玩笑，人又好！

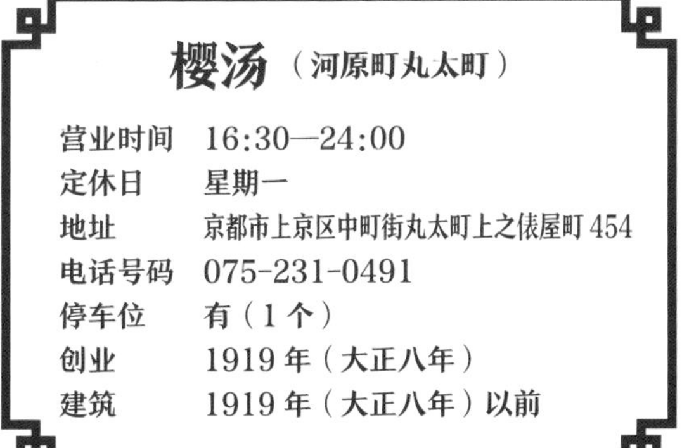

樱汤（河原町丸太町）

营业时间	16:30—24:00
定休日	星期一
地址	京都市上京区中町街丸太町上之俵屋町 454
电话号码	075-231-0491
停车位	有（1 个）
创业	1919 年（大正八年）
建筑	1919 年（大正八年）以前

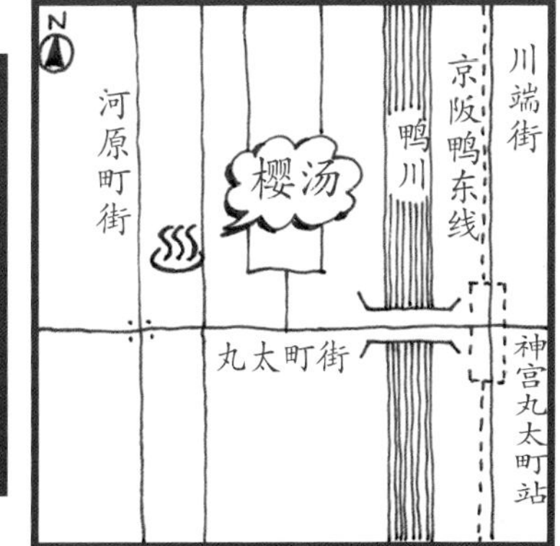

松叶汤 ~邂逅大概60只鹦鹉~

MATSUBA-YU

知道的都知道！京都的“鹦鹉钱汤”指的就是这里——松叶汤！

从浴室透过玻璃，能看到成群结队的鹦鹉，是不是一道奇景？鸟舍和浴室是完全隔开的，所以不用担心卫生问题啦。

松叶汤的卖点可不仅于此。老板在热水上也是非常讲究，经历了无数次尝试后，他最终决定下功夫用柴火烧水。这里的池水可以让你由内而外浑身暖和起来，不泡一次简直太遗憾了！

小动物

老板说全家人都喜欢小动物。除了鹦鹉，还有别的宠物！

鹦鹉

据说一开始打扫的时候，在浴室观赏植物区放了3只鹦鹉出笼。

有一天，3只鹦鹉怎么叫都不回笼，没办法只能放养了，谁知居然大受好评！

从那以后，就有人把自家新生的小鸟寄养在这里，现在（2016年）大概有60只。

扑通～

对于属于老主顾的老阿姨们来说，鹦鹉就跟背景一样，没啥区别！她们若无其事地随意下到池中

这种**日常感**（老阿姨）和**非日常感**（鹦鹉）之间的跨度未免太大，让人顿生超现实之感

据说最多的时候多达150只！

亲亲热热

五颜六色的鸟儿！

鹦鹉王

老板家的鹦鹉。营业期间会陪他一起招待客人呢

陆龟龟太郎

据说是原来的主人因故不能养了，所以转手给了钱汤。转手条件如下：

- 随时都可以去看它
- 饲养环境全年温暖如春

钱汤简直不能再符合条件了吧!!

这就是命运的安排。

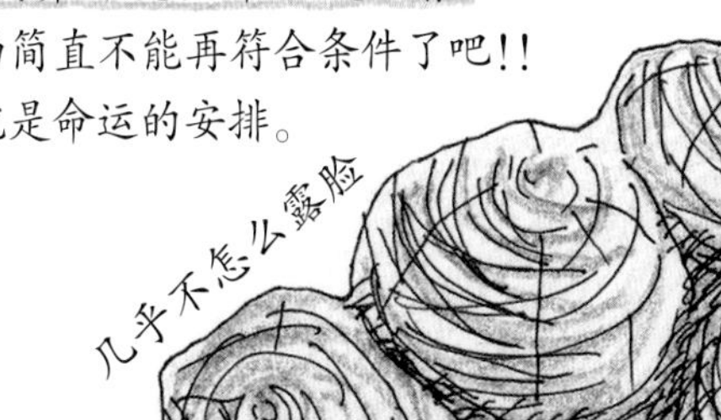

布局

这栋建筑纵深特别长。进入浴室之后，鸟舍的规格可能会让你大受震撼，但也别忘了后面的露天浴池哦！

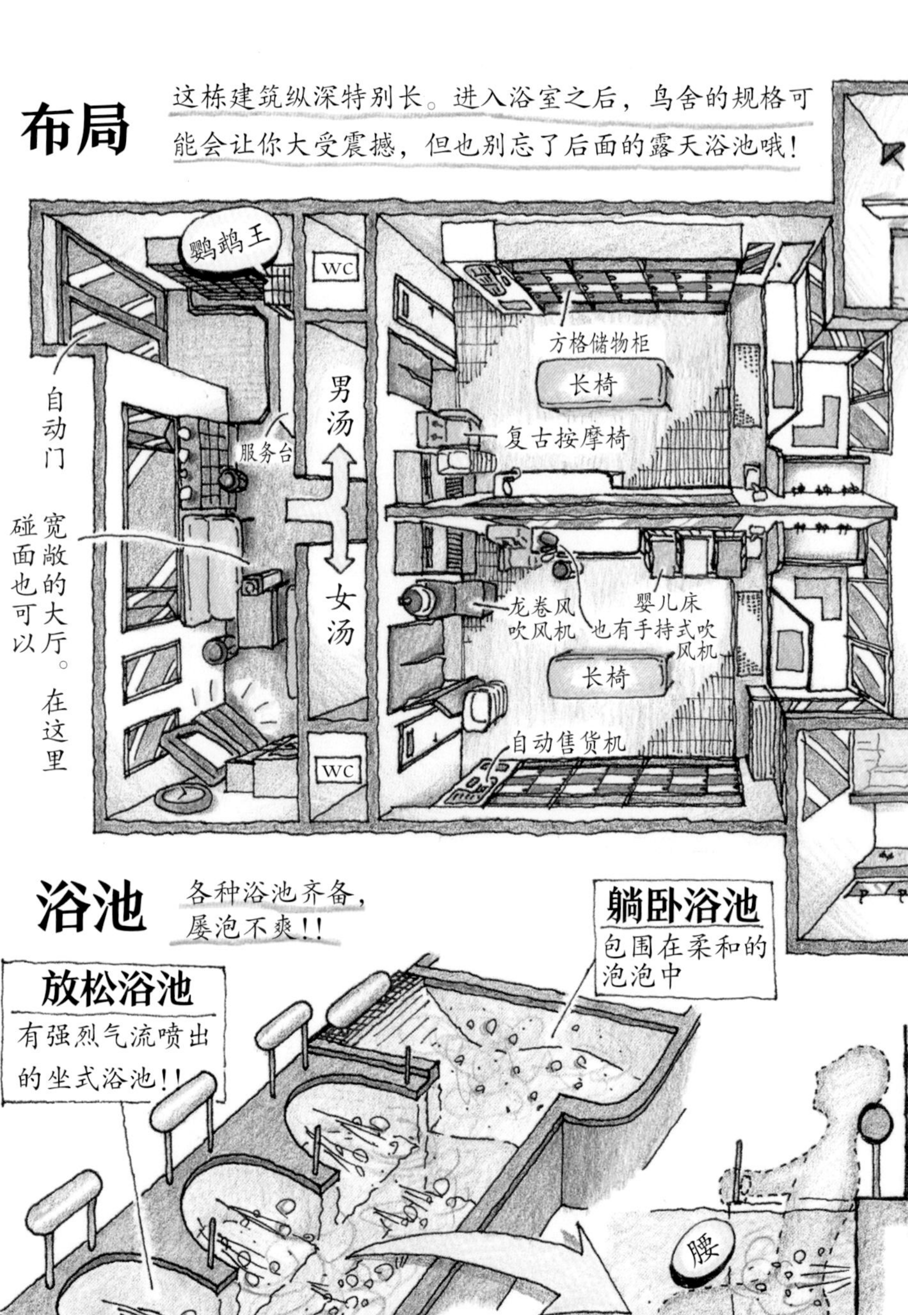

浴池

各种浴池齐备，屡泡不爽！！

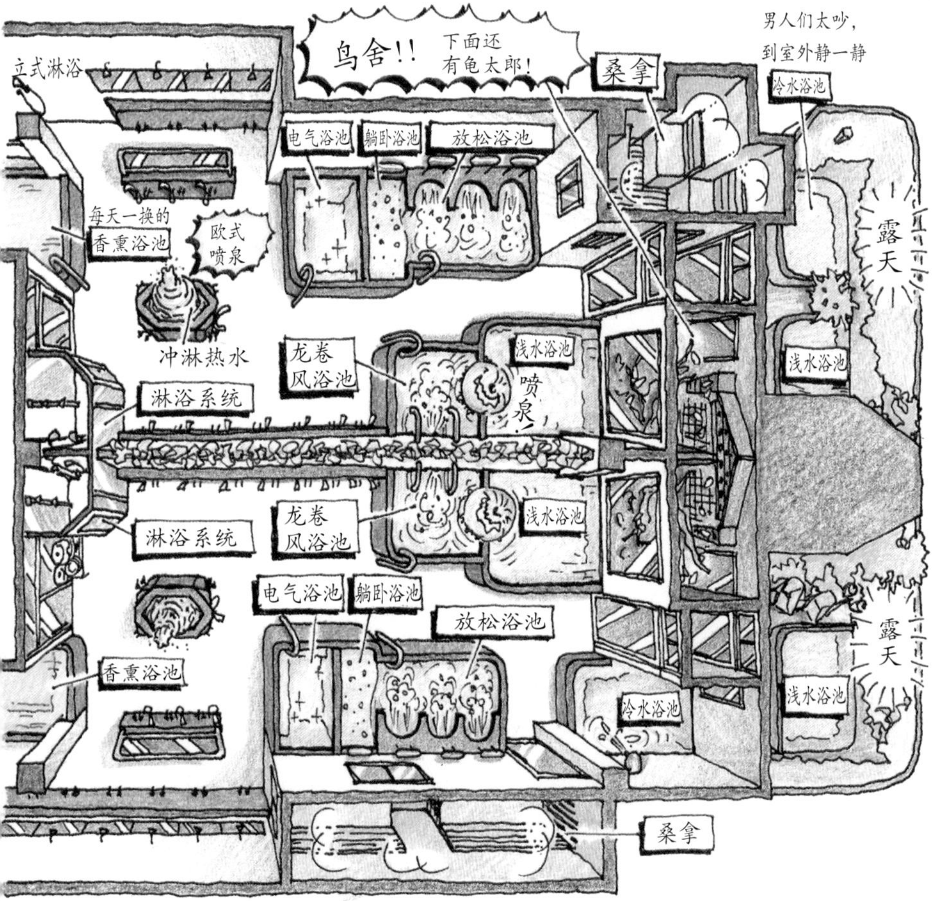

立式淋浴

乌舍!!

下面还
有龟太郎!

桑拿

男人们太吵,
到室外静一静

冷水浴池

电气浴池

躺卧浴池

放松浴池

每天一换的
香熏浴池

欧式
喷泉

露天

冲淋热水

龙卷
风浴池

浅水浴池

喷
泉!

浅水浴池

淋浴系统

龙卷
风浴池

浅水浴池

淋浴系统

电气浴池

躺卧浴池

放松浴池

露天

香熏浴池

冷水浴池

浅水浴池

桑拿

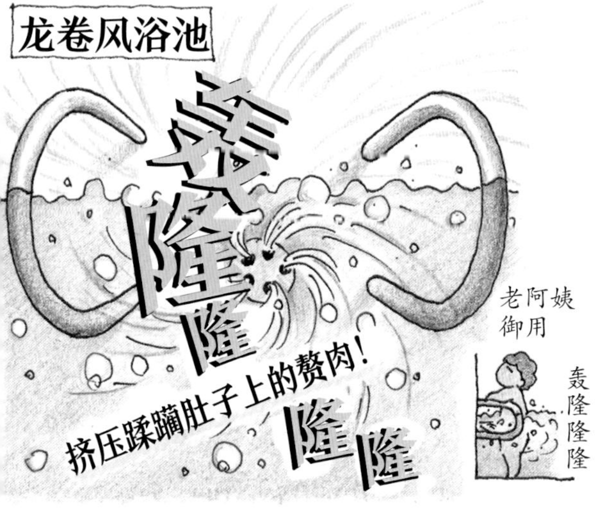

龙卷风浴池

轰
隆
隆

挤压揉躏肚子上的赘肉!

隆隆

老阿姨
御用

轰
隆
隆
隆

淋浴系统

从四面八方探出
7个淋浴喷头!

按一下按钮

哗
啦
哗
啦
哗
啦

欧洲情调

浴室内部装饰非常讲究，
属于彻头彻尾的欧洲味道！

浴室正面的瓷砖画

老板在欧洲旅行时看到的车窗外风景。

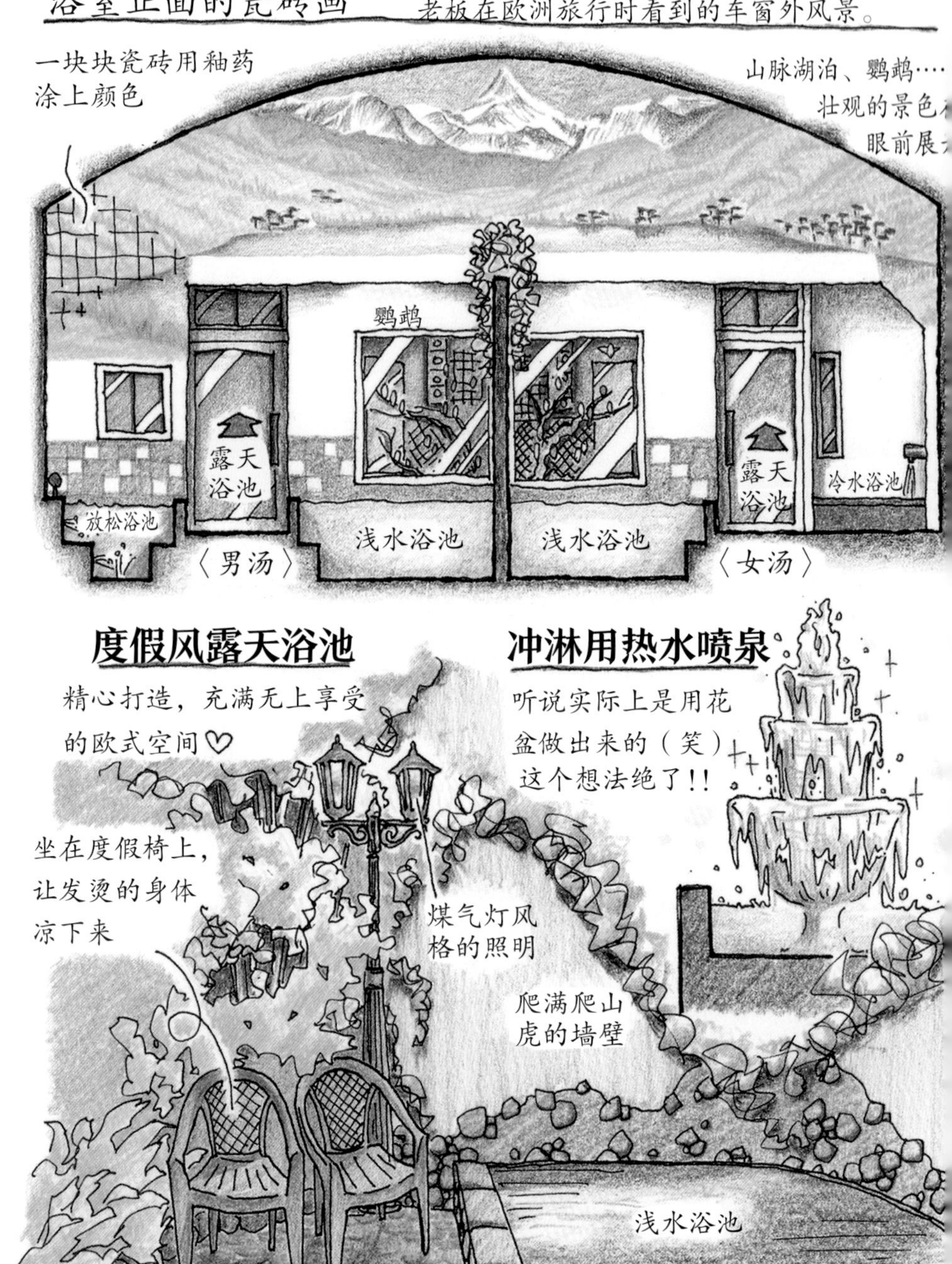

松叶汤的打开方式多种多样

奔着鹦鹉来……

据说还有客人把因故无法继续饲养的鹦鹉送来寄养。主要是因为之后也能过来探望!

方便小客人进出的服务台形式

松叶汤的小客人也不少呢。相比柜台，他们似乎更喜欢服务台的形式

充分体验度假心情

露天浴池的度假椅利用率也很高

好像还能看电视！简直不能再开心!!

说到电视……

来看《侦探！Knight Scoop》的羊羊

放映时间刚好卡点营业时间

周末在浴池里放声大笑

松叶汤

营业时间	15:00—24:30（次日凌晨00:30）
定休日	星期日
地址	京都市上京区下立卖街御前街东入西东町 356
电话号码	075-841-4696
停车位	有（11 个）
创业	1905 年（明治三十八年）
建筑	1975 年（昭和五十年）

御前街
七本松街
千本街
下立卖街
松叶汤
丸太町街
JR山阴本线
← 元町站方向
二条站方向

京都钱汤艺术节

钱汤变身艺术舞台

京都钱汤艺术节于2014年和2015年举办，是一项会场位于钱汤的艺术活动。和往常一样只花了入浴费进入钱汤，就能欣赏到各种各样的艺术作品！在玄关、更衣室、浴室和浴池当中，都能遇到极富钱汤特色的作品。

在钱汤展示作品带来了很多影响，那真是太多啦，比如吸引艺术院校学生等年轻客人光顾，还能看到经营者们在柜台处向客人介绍作品的身影，等等。由此产生了不同于平常的别具一格的交流方式。其中有些作品在活动结束后还成为常设展品（第101页）。

执行委员的身份

执行委员成员是4名爱好钱汤的艺术家。从他们发现钱汤具有的艺术价值，并通过艺术节摸索其可能性这一点来看，艺术节本身似乎就是他们的艺术作品呢！

第二次举办的时候，他们不仅仅是企划和运营者，还以艺术家身份参加了活动。他们的艺术单元名为“西垣工务店”，是在展区一隅室内布置了重现钱汤的作品，还有专为往来会场之用设计的“桶铃”自行车。作品以充满乐趣的关联方式，给人们带来了一次别开生面的钱汤体验。

钱汤艺术节在艺术家的独特构思下诞生举办，下次可千万不要错过！

【京都钱汤艺术节】主页
http://www.kyotosentoartfes.com/

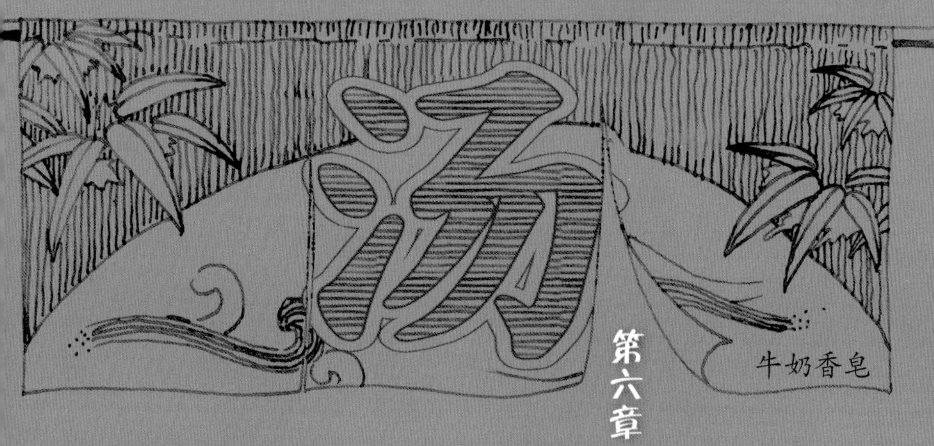

第六章

当代钱汤

随着时代的变化，钱汤也在不断变化。年青一代唱主角、挑大梁的下一代钱汤，又会是什么样的呢？

平安汤

~现代风格建筑，俨然一派"平成钱汤"风范~

HEIAN-YU

从平安神宫一路向北，就能看见一栋外表不像钱汤的现代风格建筑。平安汤在平成八年（1996年）刚刚建成，浴池阵容与娱乐休闲设施完备的超级钱汤相比相形见绌。但你绝对想不到，其实它还是一家创业超过百年的老字号钱汤呢！

重建契机源于其在阪神大地震中受损。又过了几年，上一代的老板去世，当时还是高中生的儿子毕业后继承父业，经历了种种艰辛的现任老板充分发挥年轻人做事敏捷迅速，悟性高的优势，孜孜不倦地致力于设备改善和活动策划工作。店铺发展势头十足，令人对其今后将会带来的新鲜事充满期待。它是没到过钱汤的初次体验者的入门首选！

布局

左右整齐对称的布局！服务台形式超级方便。也很适合碰头会面。

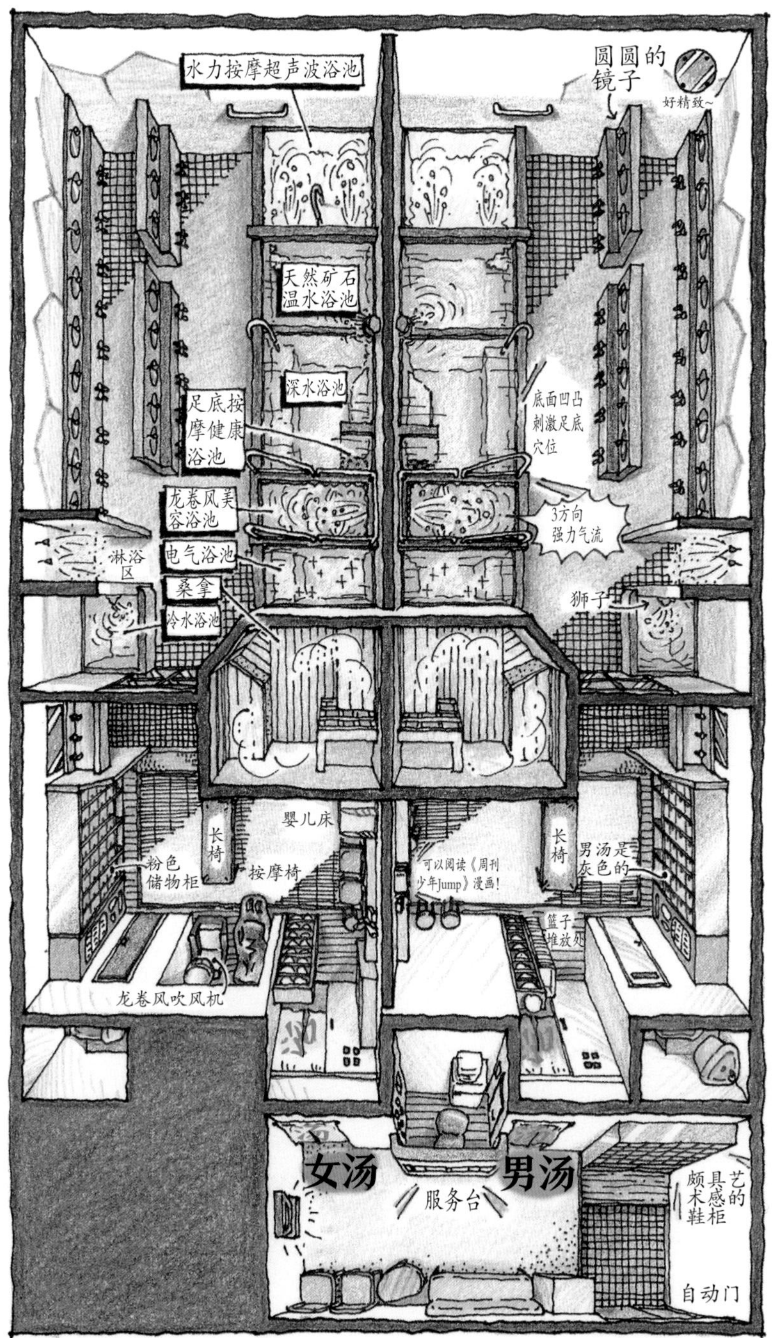

浴池

多种多样的健康系浴池任你挑选！
用各种方式洗刷身体的疲劳。

水力按摩
超声波浴池

天然矿石
温水浴池

深水浴池

还会配合节日活动添加独特的入浴剂。比如万圣节的糖果之类！

装有翡翠石的袋子。
可以感受到负离子的存在！

内部装修也很现代，富有设计感！
锯齿图案让人印象深刻。

外观

从根本上颠覆传统钱汤形象的现代设计。它用威严庄重的外观，向人展示出“平成钱汤”的样子。

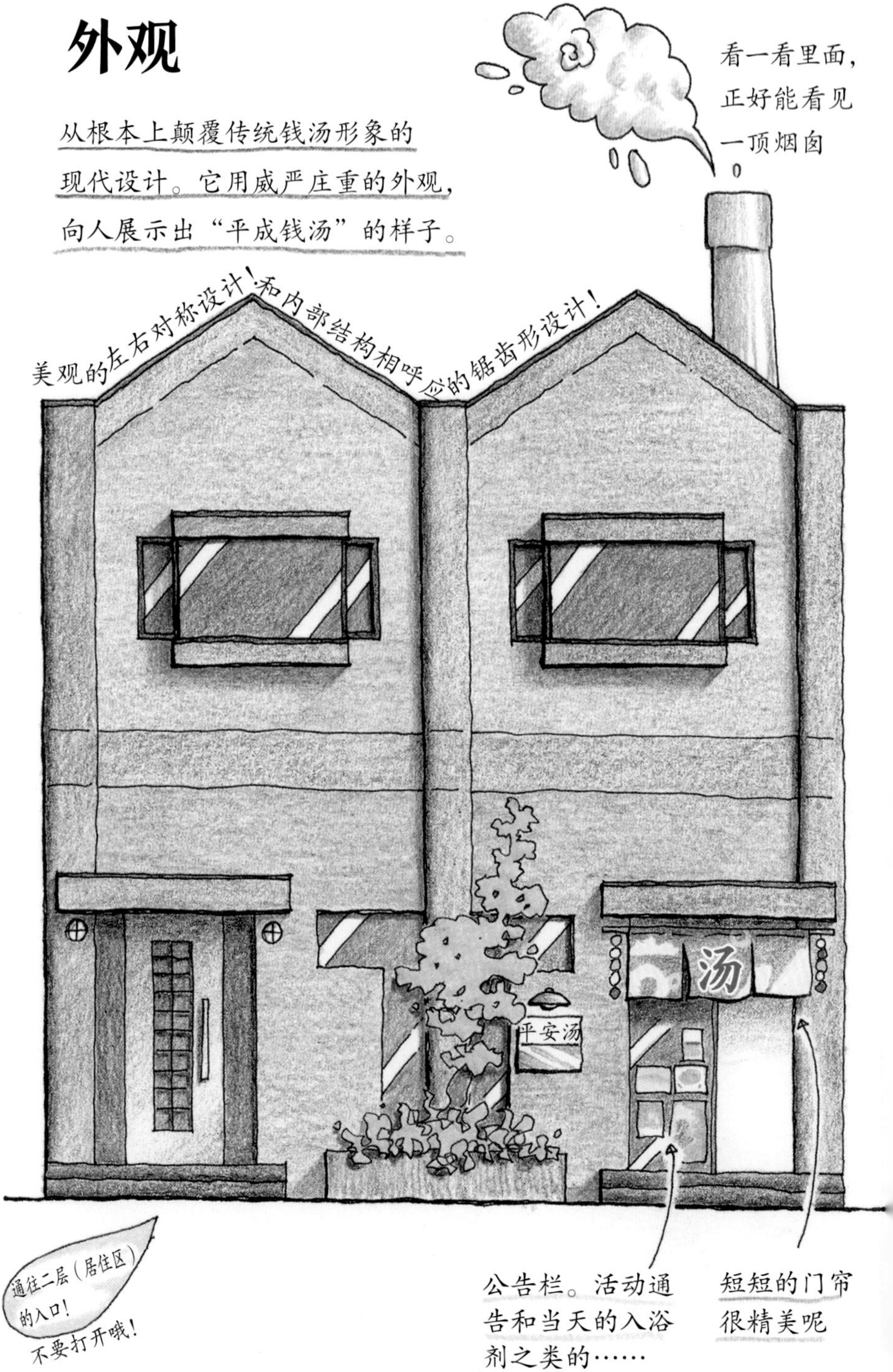

京都钱汤艺术节的回忆

平安汤曾是2015年京都钱汤艺术节（第94页）的会场之一。它是3组艺术家的展览会场。并且，展览结束后，作品也保存了下来。

那些作品就在这里哟!! →

鞋柜的牌子重新打造成了不同的形状，每个都不一样。这个作品让人觉得，选择哪个牌子也是一种乐趣。

（艺术家：池田精堂）

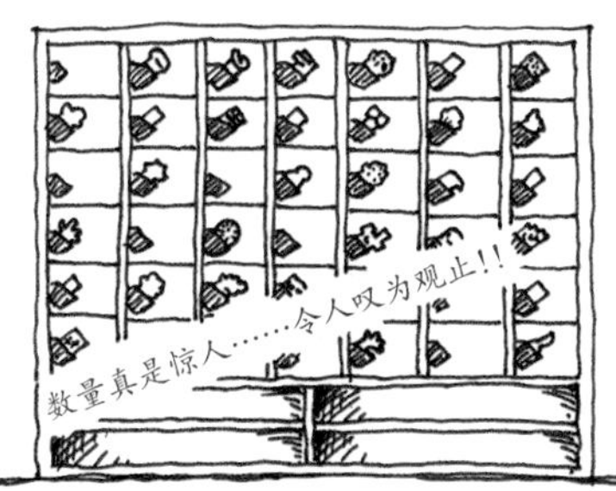

除此之外，钱汤的现场活动和讲座也很热闹。这些活动当然都得到了老板的支持。今后还有什么新鲜事呢？真令人期待。

平安汤

营业时间	15:00—25:00（次日凌晨1:00）
定休日	星期四
地址	京都市左京区吉田下大路町 22
电话号码	075-771-1146
停车位	无
创业	1914 年（大正三年）
建筑	1996 年（平成八年）

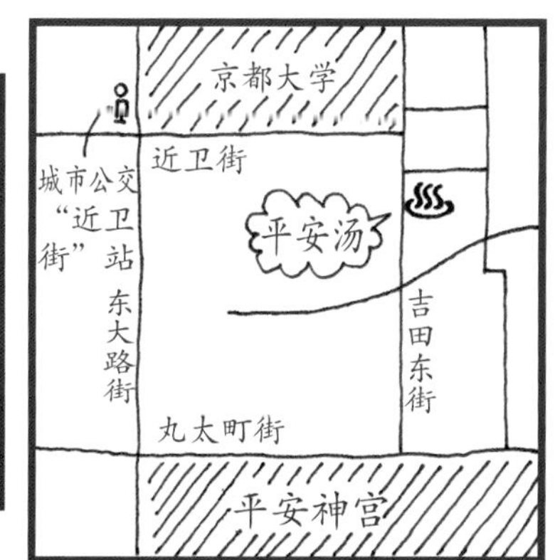

玉之汤 ~身负育儿重任的年轻夫妇书写的现代钱汤生活~

TAMA-no-YU

经营玉之汤的，是在钱汤泡大的老板和出身陶瓷店的老板娘这对夫妇。而将老板娘烧制的瓷砖用于钱汤的内部装修，也是两家店的又一项合作。

夫妇二人育有两子，分别是 6 岁和 2 岁（2016 年时），正是闹人的时候。老板娘带第一个孩子感觉疲惫不堪的时候，只要和小宝宝一起在玉之汤里泡个澡，心情就一下缓解了。周围的客人也喜欢小孩，还有客人会帮忙照顾一下，这种交往也会让带孩子的感觉变得轻松许多。

因为这样的经历，夫妻俩策划了和宝宝一起入浴的活动，想让其他妈妈也能了解钱汤，喜欢钱汤。活动情况异常火热，甚至要排队等待别人取消预约。日常营业也很贴心，方便妈妈们和孩子一起享受快乐的时光。全家出动，到玉之汤来体验一番吧！

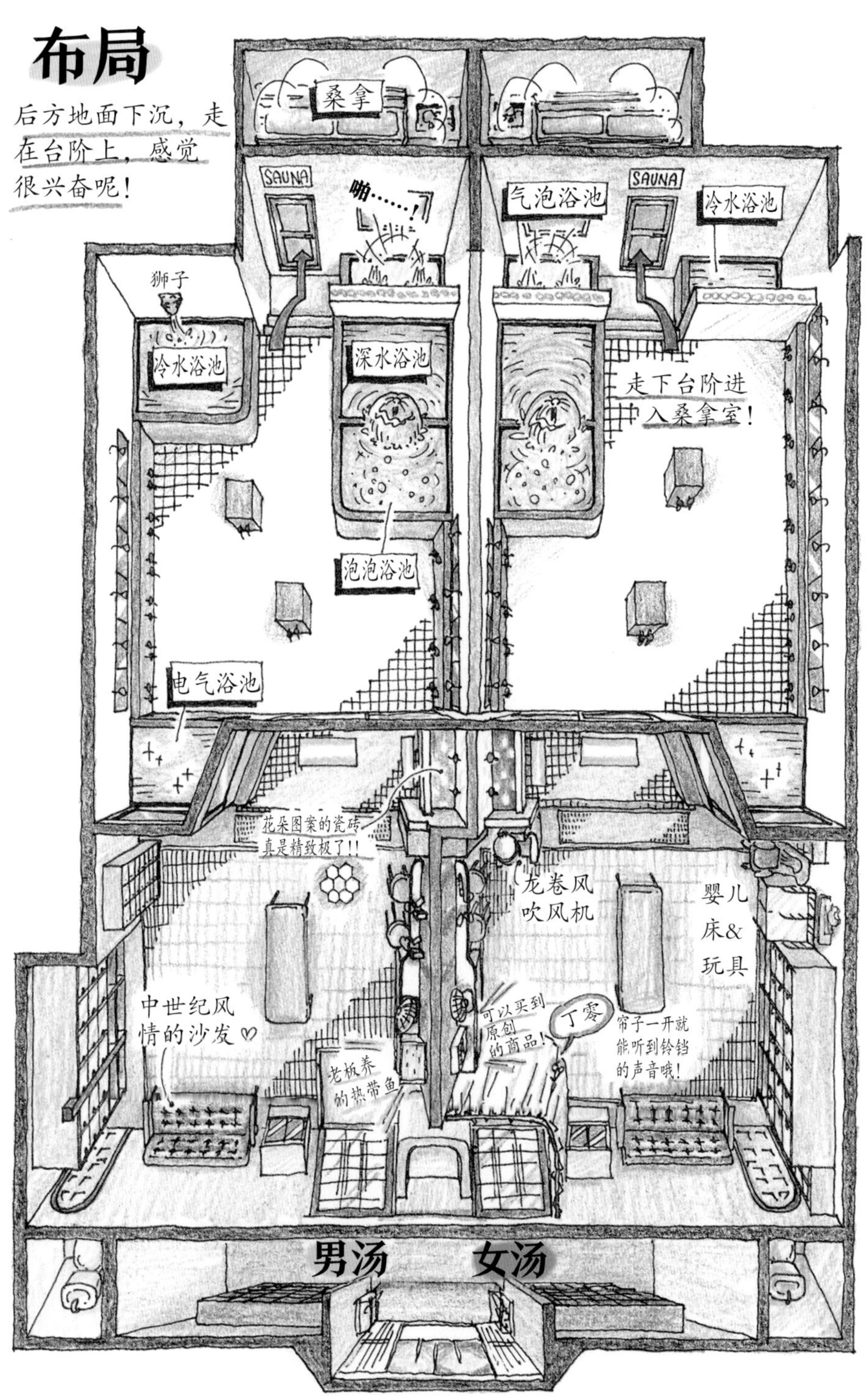

布局
后方地面下沉，走在台阶上，感觉很兴奋呢！
桑拿
SAUNA
啪……！
气泡浴池
SAUNA
冷水浴池
狮子
冷水浴池
深水浴池
走下台阶进入桑拿室！
泡泡浴池
电气浴池
花朵图案的瓷砖真是精致极了！！
龙卷风吹风机
婴儿床&玩具
中世纪风情的沙发♡
可以买到原创的商品！
丁零
帘子一开就能听到铃铛的声音哦！
老板养的热带鱼
男汤
女汤

内景

整体上给人感觉特别干净利落！然后呢，处处都可谓别具匠心！可以感觉到其中花费的细腻心思。

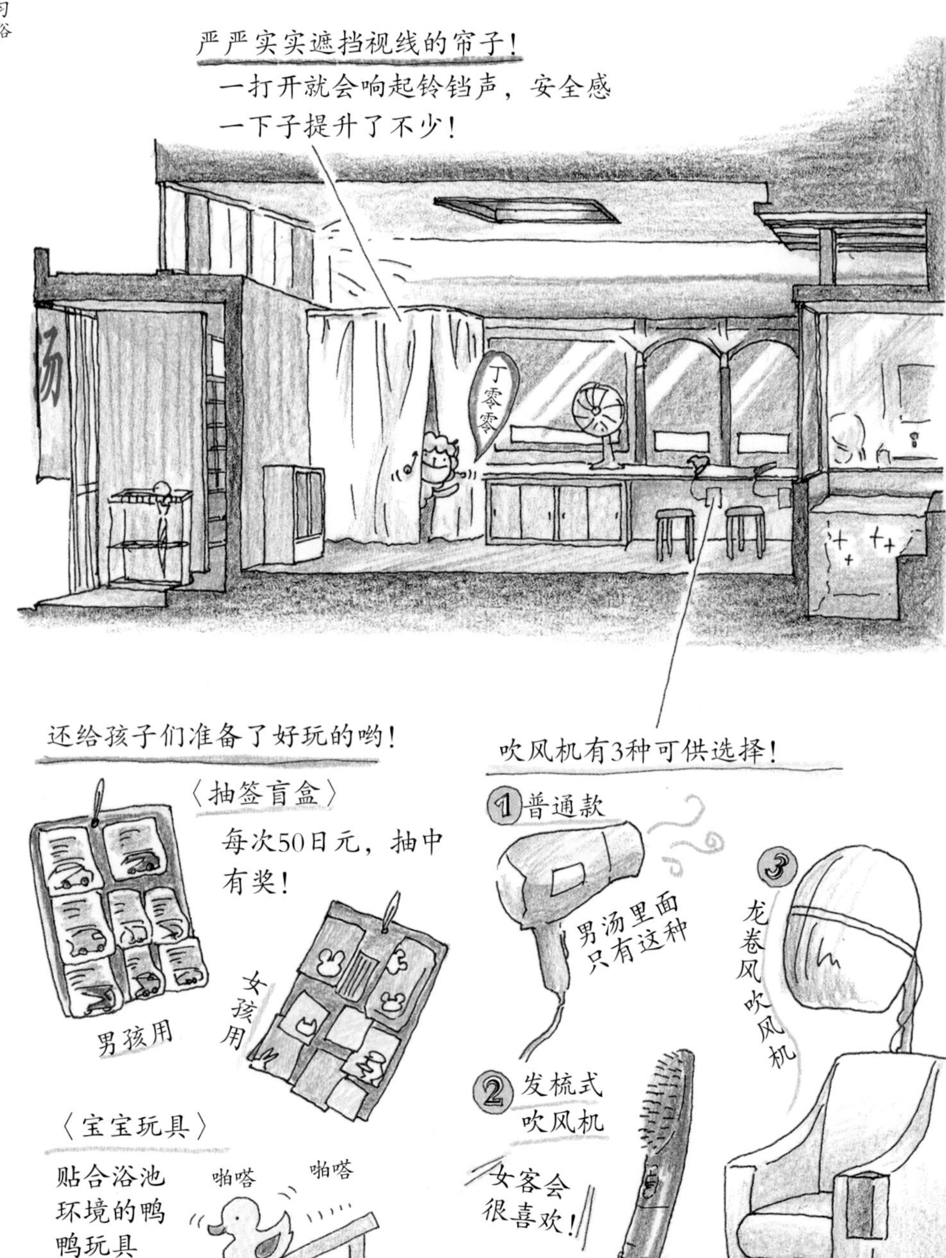

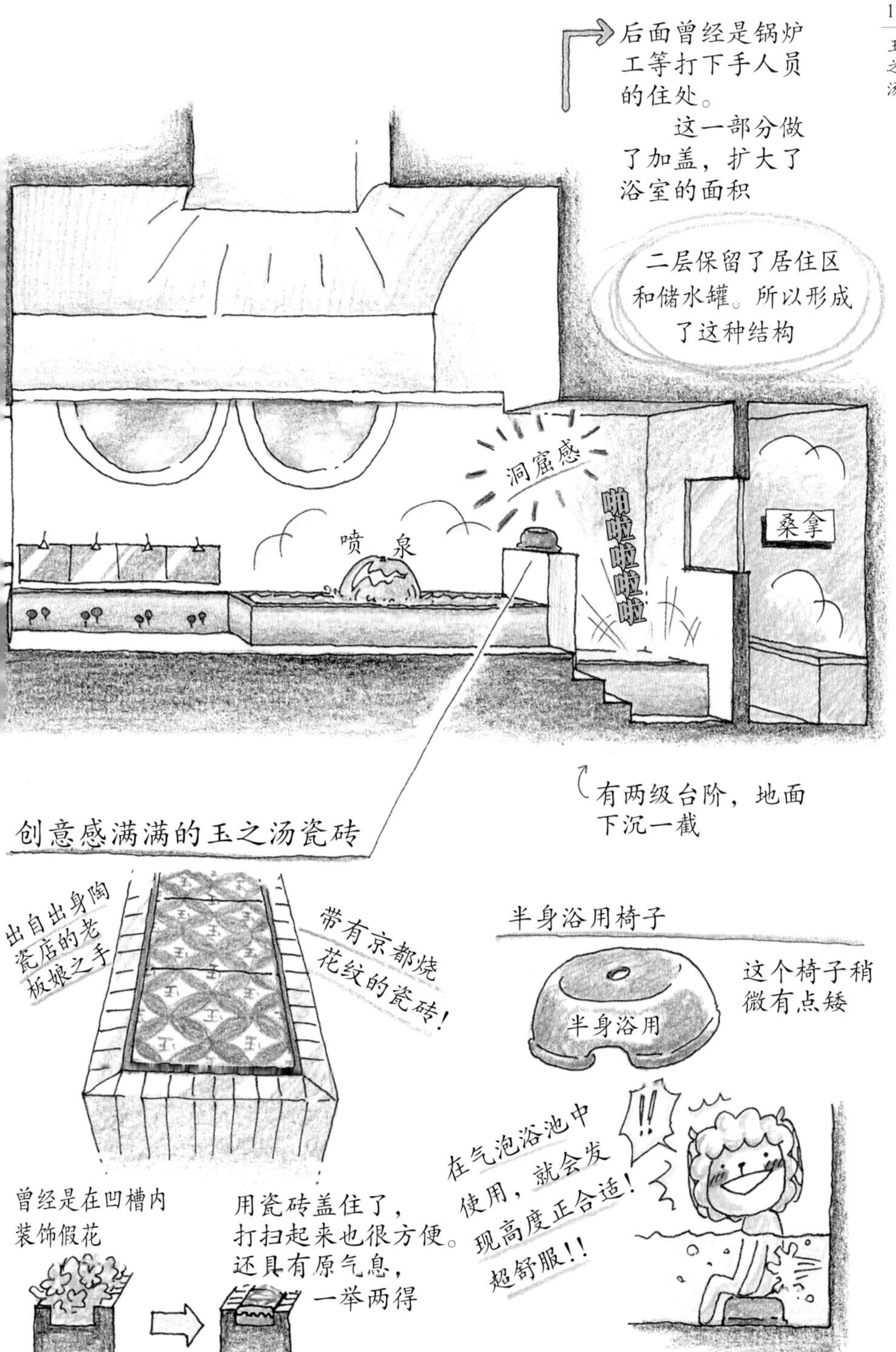
后面曾经是锅炉工等打下手人员的住处。
这一部分做了加盖，扩大了浴室的面积
二层保留了居住区和储水罐。所以形成了这种结构
洞窟感
啪啦啦啦啦
喷泉
桑拿
有两级台阶，地面下沉一截
创意感满满的玉之汤瓷砖
出自出身陶瓷店的老板娘之手
带有京都烧花纹的瓷砖！
曾经是在凹槽内装饰假花
用瓷砖盖住了，打扫起来也很方便。还具有原气息，一举两得
半身浴用椅子
这个椅子稍微有点矮
半身浴用
在气泡浴池中使用，就会发现高度正合适！超舒服！！
!!

给玉之汤增光添彩的代言人们

原创代言人——玉出

图案创意源于来到玉之汤的猫猫。名字是因为钱汤经营者中“某出”（“某”为表示方位汉字）的名字特别多。和玉之汤的“玉”字组合在一起，就叫“玉出”啦！

店里还卖老板娘特制的京都烧艺术品！

真材实料哦！

无柄杯

饰针

还有女朋友，名叫玉美

★设计图案有时候会有变化

老板养的热带鱼

老板喜欢的热带鱼鱼缸在男汤里面！从柜台也能看到，这个位置非常完美。

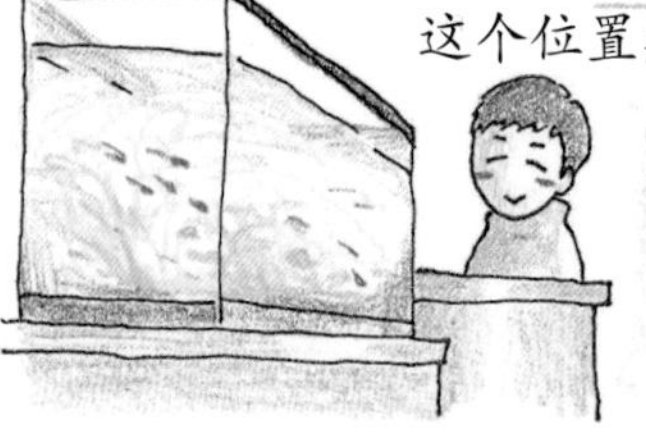

贴纸上明星代言人！

效果很赞！（笑）

玉之汤

营业时间	15:00—24:00
定休日	星期日
地址	京都市中京区押小路街御幸町西入亀屋町 401
电话号码	075-231-2985
停车位	无（自行车可停放 1 辆左右）
创业	1945 年（昭和二十年）
建筑	明治时代

N
押小路街
玉之汤
御池街
京都市政府
市公交京都市政府前站
地铁东西线
御幸町街
寺町街
京都市政府前站
河原町街

活动报告
妈妈和宝宝们承包的鸭鸭浴池
妈妈们也能开心泡澡的婴宝专属活动！
先做个自我介绍吧。分享一下育儿近况。
哇哇~真快啊~~好棒啊~~
上个月，我花了一周时间给孩子断奶了！
是吗？
我可没啥育儿经验呢！
唉……就是想来口烧酒……
是呢是呢！完全明白！
育儿的现实
酒！
这么温馨的氛围，一起泡汤吧！
洗澡澡~
全都是鸭鸭的浴池
紧张
不安
这种款式的洗发水很好用
还有勇于挑战电气浴池的孩子！（只敢用手）
老板娘随时开讲
工作人员照顾孩子，妈妈们自由的入浴时光。
尽情享受浴池
真难得
育儿的疲惫也一扫而光了呢。
与此同时，更衣室发生了什么呢……
哇哇哇哇哇哇
镇定自若逗宝宝的工作人员！
和妈妈分开的宝宝伤心地号啕大哭
不太管用
宝宝们也渐渐安静了下来，终于露出满足的表情。
啾—啾—
太好啦
太好啦

樱汤（上七轩）~京都钱汤俱乐部成员用心守护之地，可以放松身心的钱汤~

SAKURA-YU

樱汤在地理位置上距离樱花胜地平野神社非常近，它静静地伫立于一条小巷内。据说客人都是当地的老主顾，是一家颇有传统的“街坊式公共澡堂”。

听说樱汤 10 多年前（约 2006 年，按 2016 年算）曾经停业过一段时间，在地方人士的强烈要求下，澡堂重新开张并经营至今。看看老主顾们开心的模样，应该就明白这背后的故事啦。这可是个特别重要的地方呢！

重新开张以后，樱汤还加入了京都钱汤俱乐部。喜欢钱汤的年轻人聚到一起，除了策划钱汤活动以外，还在樱汤柜台兼职上夜班。大家和老主顾们打成一片，相互问候近况的样子让人倍感温馨。

在樱汤，这种富有钱汤特色的交流跨越年代保留至今，并且还将一直延续下去。

布局

麻雀虽小，五脏俱全，从桑拿到好用的设备，一应俱全，让人无可挑剔。

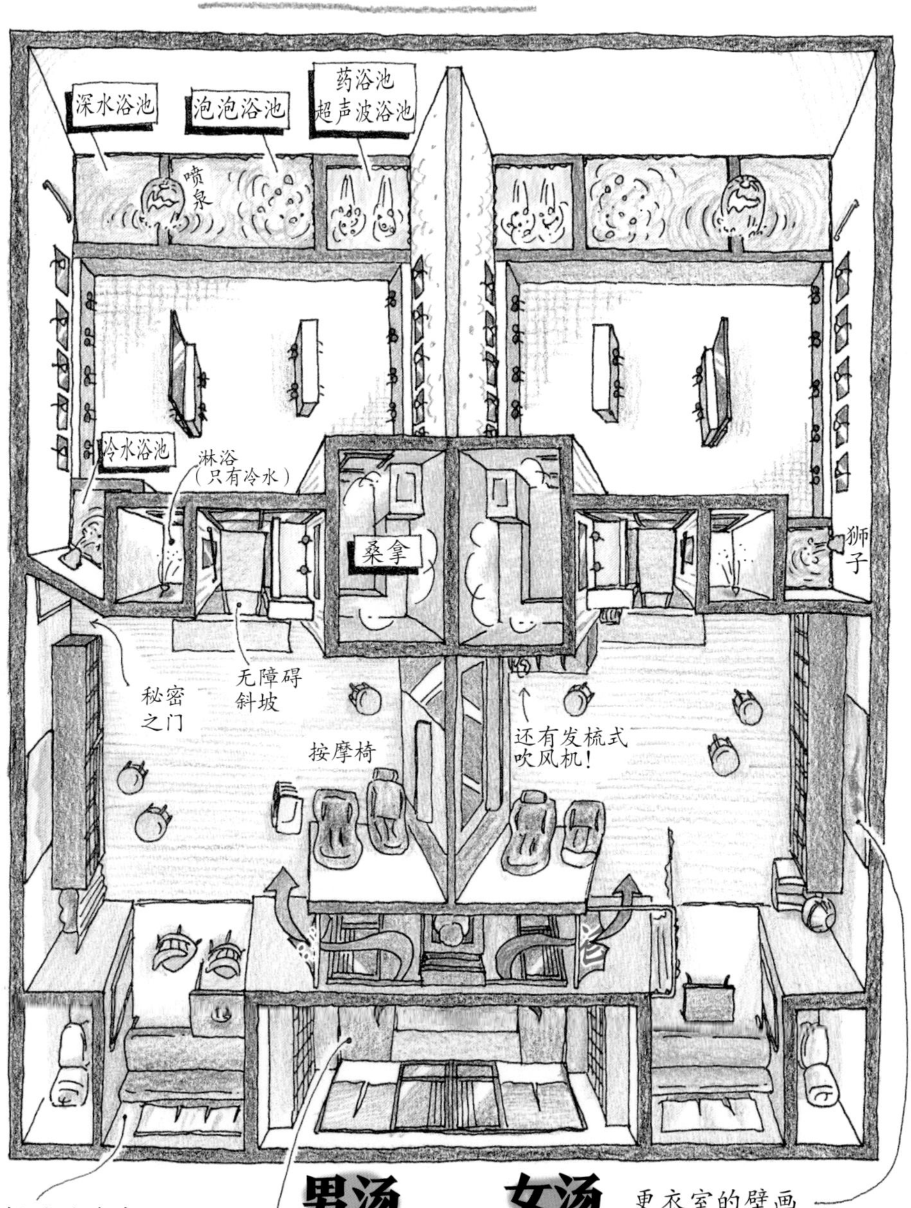

舒适的休息区。有种被环抱的感觉。心里踏踏实实的

门口有一个斜坡！可无障碍进入浴室

更衣室的壁画原绘于附近已经关张的北野温泉。那里倒闭时挪到了这边

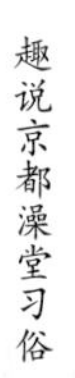

内景

布局虽然简单，但内部装修有很多看点。浴室所贴瓷砖颇有一番情趣。

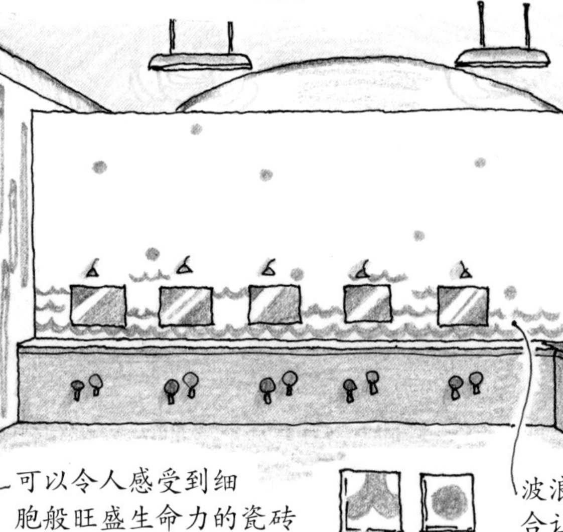

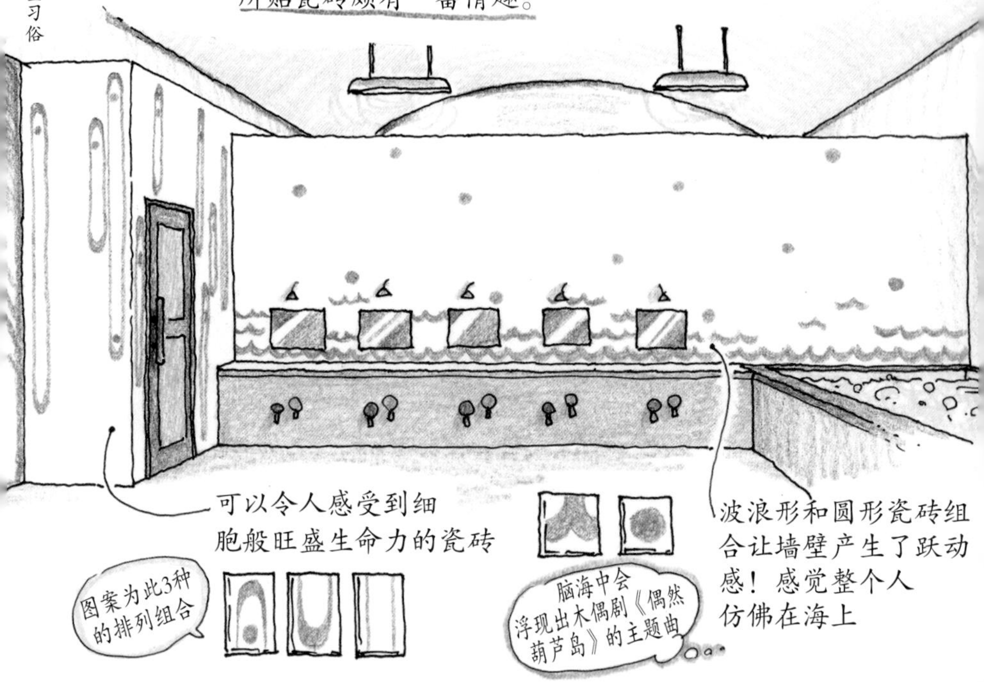

可以令人感受到细胞般旺盛生命力的瓷砖

图案为此3种的排列组合

脑海中会浮现出木偶剧《偶然葫芦岛》的主题曲

波浪形和圆形瓷砖组合让墙壁产生了跃动感！感觉整个人仿佛在海上

更衣室的壁画：男女汤图案不同。

男汤：鸭川风景。看起来很欢乐！

女汤：天女和富士山。

越过墙壁，也能稍微看见一些另一边的画。

踮起脚尖

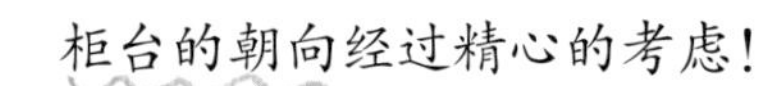

柜台的朝向经过精心的考虑！

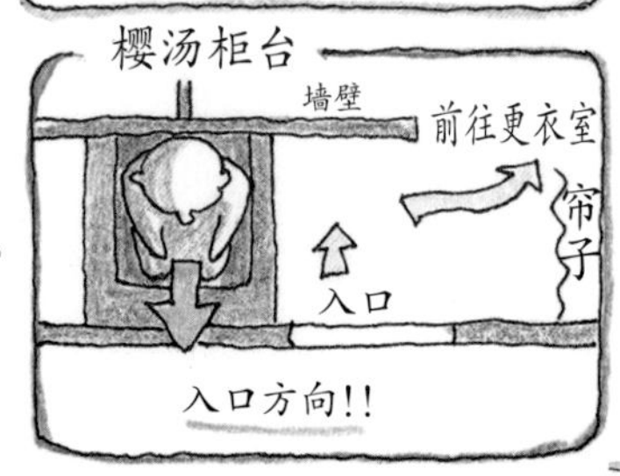

在更衣室没有“被监视”的不安感

令人感觉受到了欢迎

樱汤和梅汤

~京都钱汤俱乐部大显身手~

转下页！

樱汤（上七轩）

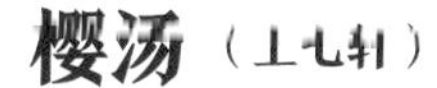

营业时间	13:00—23:00
定休日	星期三
地址	京都市上京区五辻街七本松西入老松町 103
电话号码	075-461-7760
停车位	无
创业	不明
建筑	不明

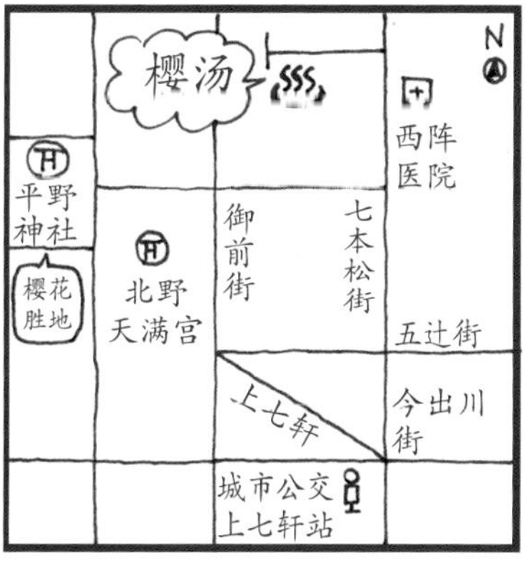

桑拿梅汤

~ 20 来岁的年轻掌柜打理钱汤 ~

UME-YU

在潺潺流淌的高濑川河畔，“桑拿梅汤”这几个霓虹灯字熠熠发光。虽然这家温泉曾一度倒闭，但钱汤活跃人士湊三次郎先生却在平成二十七年（2015 年）5 月重新点亮了它的招牌。湊先生当时年仅 24 岁，是同行业中最年轻的掌柜。他得到了同龄伙伴的帮助，同时还积极利用社交软件和客栈的宣传广告等方式，奋力摸索独家特色经营方法。他希望把梅汤“改造成为年轻人经常聚集之地”，怀揣这一梦想，他在亲手打造的服务台前微笑迎接客人们的到来。

桑拿 梅汤
汤
浴池
430
日元

布局

借着重新开张的机会，玄关到更衣室修葺一新。
为了便于开展活动和日常交流，掌柜颇下了一番功夫。

无须预约・不定休・40分钟3000日元起

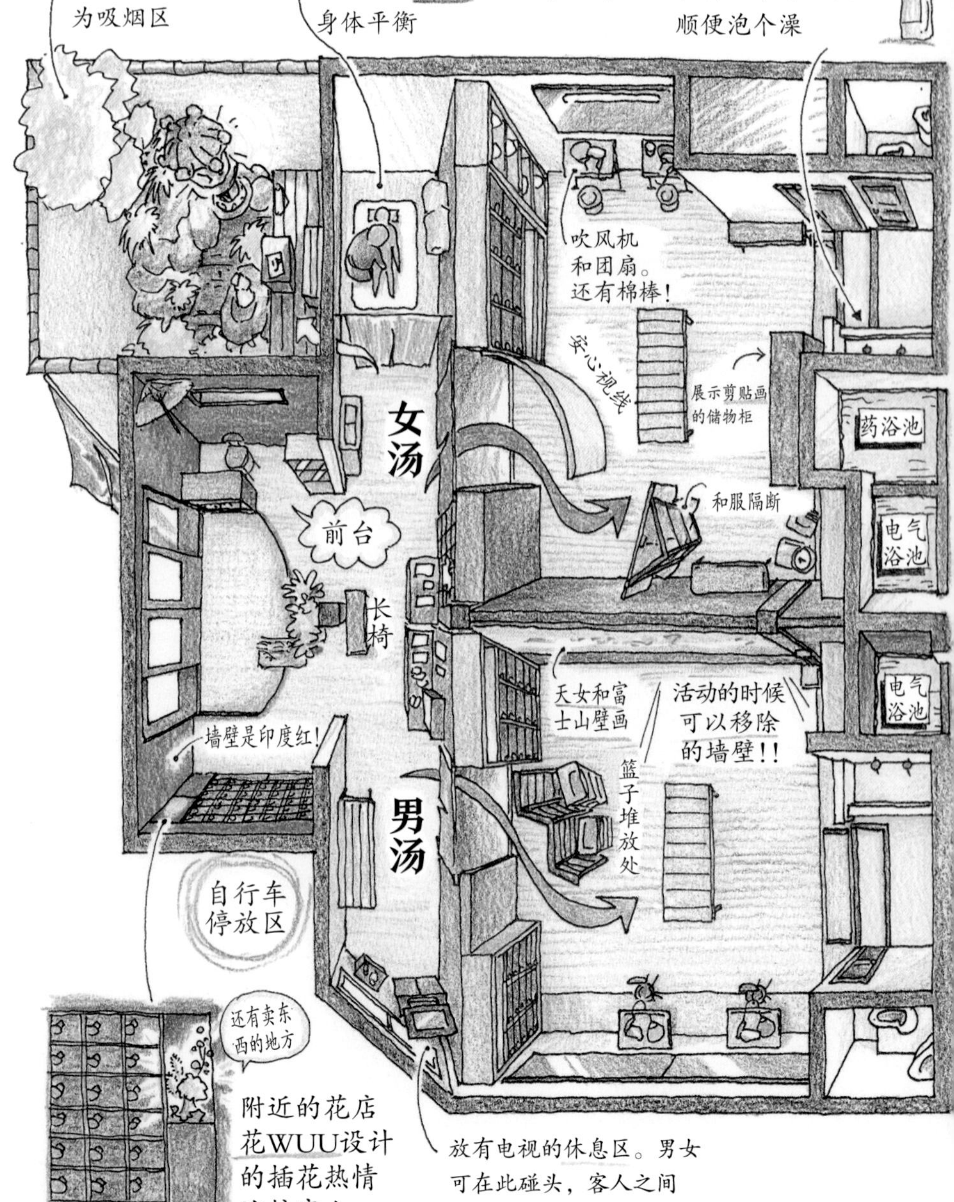

附近的花店花WUU设计的插花热情迎接客人

放有电视的休息区。男女可在此碰头，客人之间可以交流……

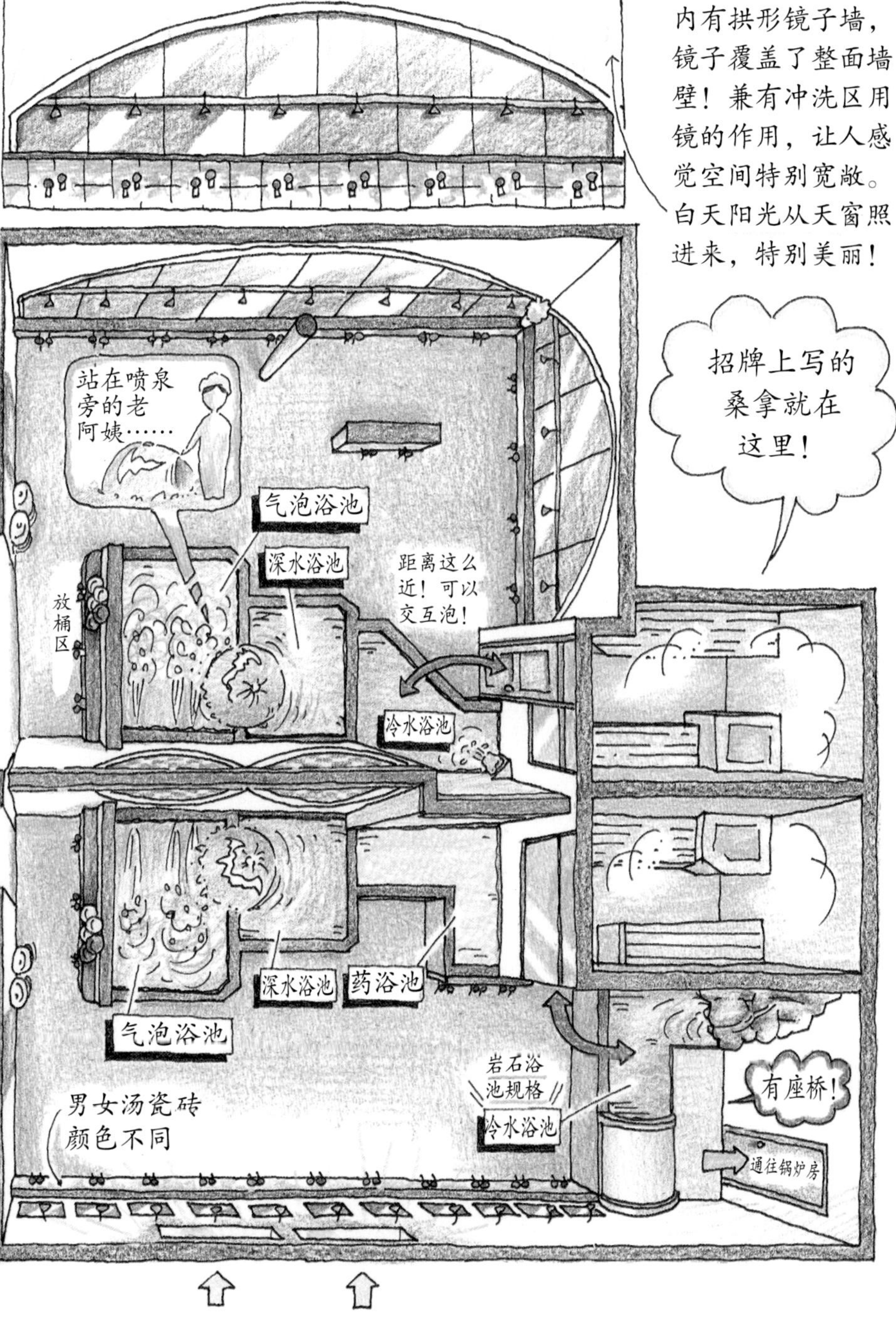
内有拱形镜子墙，镜子覆盖了整面墙壁！兼有冲洗区用镜的作用，让人感觉空间特别宽敞。白天阳光从天窗照进来，特别美丽！
招牌上写的桑拿就在这里！
站在喷泉旁的老阿姨……
气泡浴池
深水浴池
距离这么近！可以交互泡！
放桶区
冷水浴池
深水浴池
药浴池
气泡浴池
岩石浴池规格
冷水浴池
有座桥！
通往锅炉房
男女汤瓷砖颜色不同
道路一侧的高窗透进满满自然光！

浴池

以招牌上写的桑拿为代表，热乎乎的水烧好等着你……

面对面能坐下6个人左右

呼——

沙漏

不愧是“桑拿”梅汤，简直太烫啦，真是名副其实的桑拿！

桑拿费用还包含了入浴费用，可以毫无顾虑地尽情享受。

紧挨着的就是冷水浴池！要先落落汗再进去哦！

羊羊完全是无意识地做出了这个姿势

哈!!

哗啦啦啦啦啦

噗噜噗噜噗噜

原理在这里！站在两个气流孔前，就会感到小腿受到了恰到好处的刺激

然后，旁边就是喷泉……啊啊……好想摸一下……（不由自主地）……嗖——（←手）

就是这样喽！一定要试试小腿肚气泡按摩功能！

喷泉有时候也喷不出水……加油啊!!

哗啦啦啦

没水了……

内景

这是一个用年轻的朝气重新打造的空间，好用的老物件闪着岁月的光彩。这种新旧的平衡真是绝妙啊。

老板毅然将大门处的高柜台改成了服务台形式！还添加了售货区和休息区，客人们之间的交流渐渐多了起来。

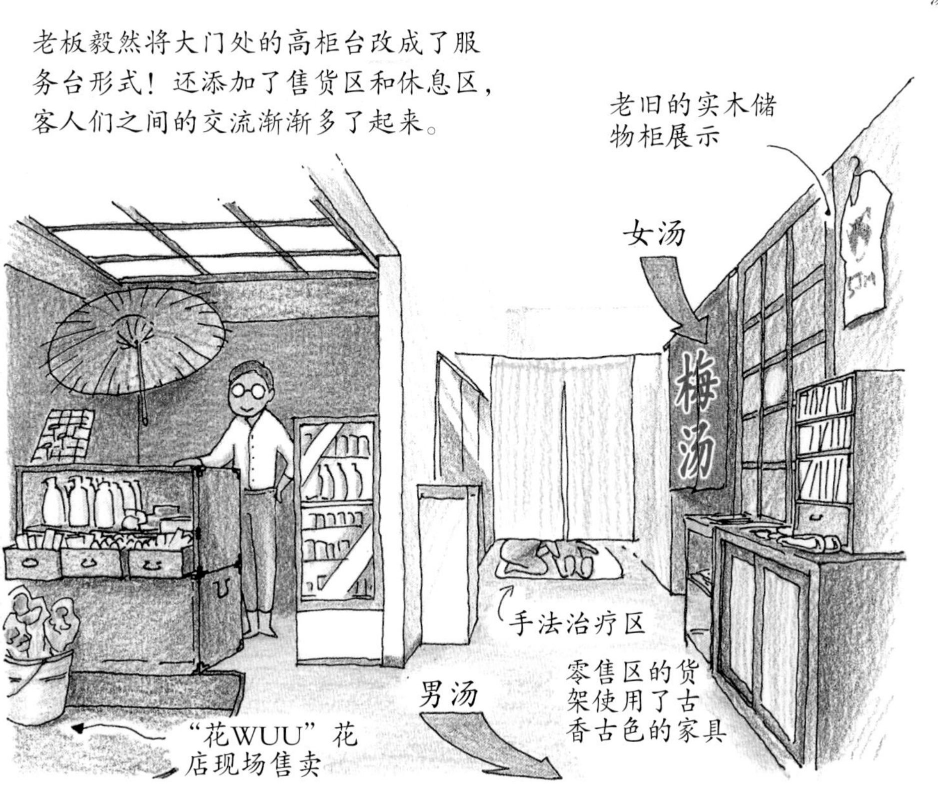

老旧的实木储物柜展示

女汤

梅汤

手法治疗区

零售区的货架使用了古香古色的家具

男汤

“花WUU”花店现场售卖

活动

老板有效利用钱汤空间举办各种各样的活动！它会让你重新发现钱汤的妙趣。

公共澡堂曲艺场

第24页介绍到的落语演员的上门表演活动。在梅汤，落语表演会在男女更衣室之间的墙壁移除后的大空间里进行！

钱汤女性展会

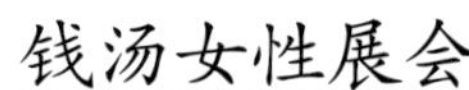

喜欢钱汤的女性创作者制作与钱汤有关的作品！展示上也颇具用心，部分作品在展会结束后还成了常设展品。

括号内为作者姓名。敬称略。

没有玻璃的储物柜门上的剪贴画。（达富睦）

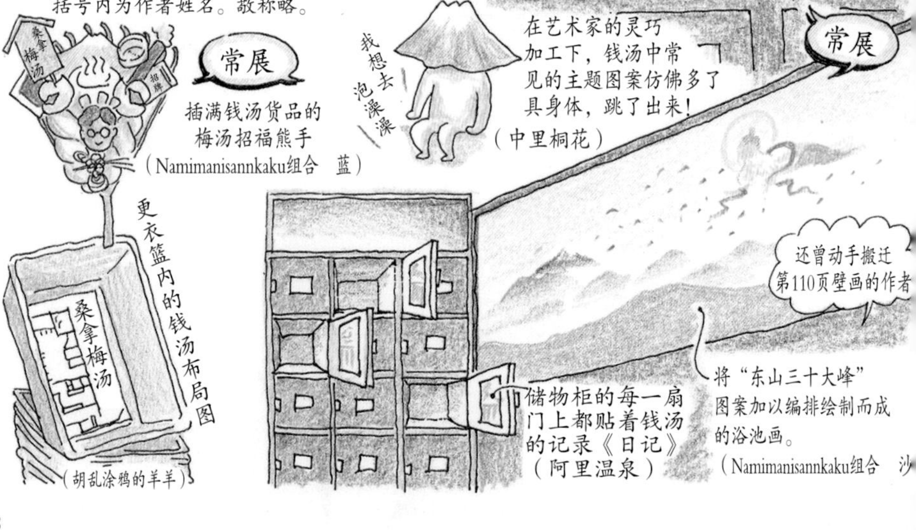

常展

插满钱汤货品的梅汤招福熊手（Namimanisannkaku组合　蓝）

我想去泡澡澡

在艺术家的灵巧加工下，钱汤中常见的主题图案仿佛多了具身体，跳了出来！（中里桐花）

常展

还曾动手搬迁第110页壁画的作者

更衣篮内的钱汤布局图

桑拿梅汤

（胡乱涂鸦的羊羊）

储物柜的每一扇门上都贴着钱汤的记录《日记》（阿里温泉）

将“东山三十大峰”图案加以编排绘制而成的浴池画。（Namimanisannkaku组合　沙

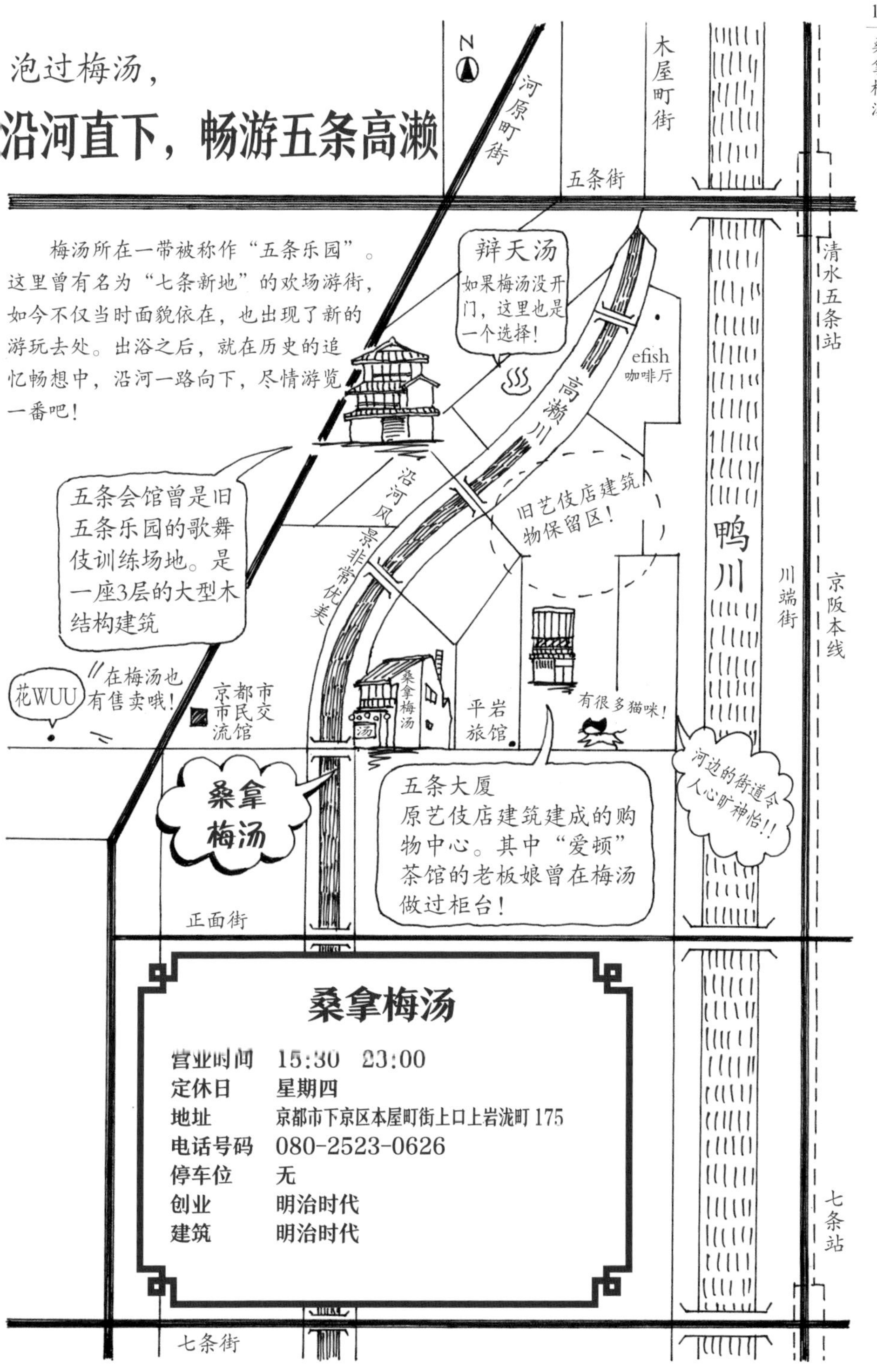
泡过梅汤，
沿河直下，畅游五条高濑
梅汤所在一带被称作“五条乐园”。这里曾有名为“七条新地”的欢场游街，如今不仅当时面貌依在，也出现了新的游玩去处。出浴之后，就在历史的追忆畅想中，沿河一路向下，尽情游览一番吧！
N
河原町街
木屋町街
五条街
清水五条站
辩天汤
如果梅汤没开门，这里也是一个选择！
efish
咖啡厅
高濑川
沿河风景非常优美
旧艺伎店建筑物保留区！
五条会馆曾是旧五条乐园的歌舞伎训练场地。是一座3层的大型木结构建筑
鸭川
川端街
京阪本线
花WUU
在梅汤也有售卖哦！
京都市市民交流馆
桑拿梅汤
汤
平岩旅馆
有很多猫咪！
桑拿梅汤
五条大厦
原艺伎店建筑建成的购物中心。其中“爱顿”茶馆的老板娘曾在梅汤做过柜台！
河边的街道令人心旷神怡！！
正面街
七条站
七条街
桑拿梅汤
营业时间 15:30 23:00
定休日 星期四
地址 京都市下京区本屋町街上口上岩泷町175
电话号码 080-2523-0626
停车位 无
创业 明治时代
建筑 明治时代

钱汤物品清单

羊羊给为钱汤内部装修增亮添色的物品做了一个清单！里面还列出了能够看到它们的钱汤，按照希望偶遇哪只狮子、想欣赏哪块瓷砖的想法来决定今晚去哪家温泉也是很有趣呢！

不过，因为有很多物品没有确定的正式名称，所以羊羊要先说明一下，有些是通称，有些是羊羊自己起的名字哦！

普通狮子

几乎所有的钱汤都有哦！大黑汤、源汤、船冈温泉、樱汤（河原町丸太町）、松叶汤除外

面目狰狞的狮子

明治汤（男汤）

蓝狮子

樱汤（河原町丸太町）

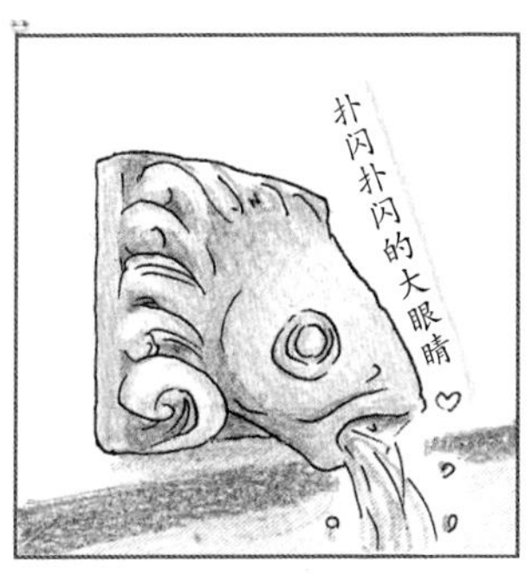

鱼

源汤

骑着鱼的人

小孩：芋松温泉、锦汤

大人：源汤

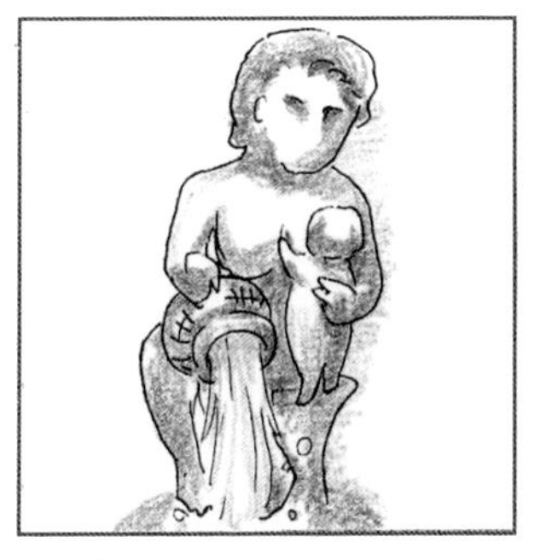

持壶裸妇

抱孩子的：柳汤（女汤）

没有孩子的：柳汤（男汤）、别府汤

只有一个壶

大黑汤

石头

平安汤

灯笼

岛原温泉

瓷砖

给墙壁、地板增光添彩的小可爱们

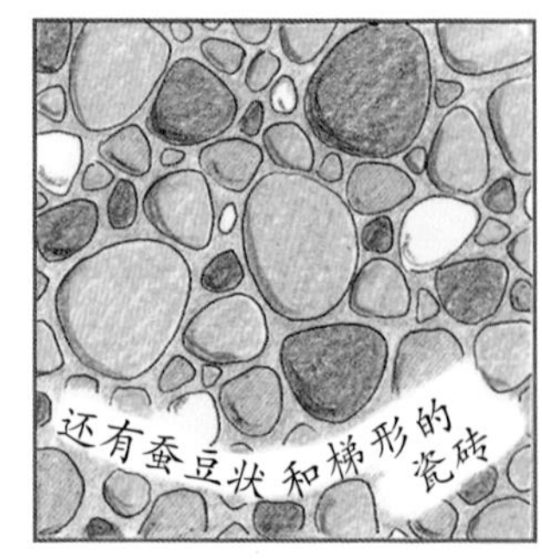

饭团瓷砖

芋松温泉、柳汤、大黑汤、源汤、鸭川汤、宝温泉、明治汤

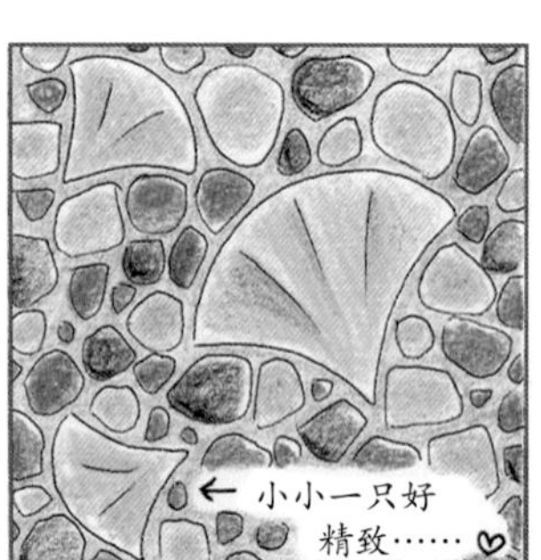

银杏叶瓷砖

樱汤（河原町丸太町）

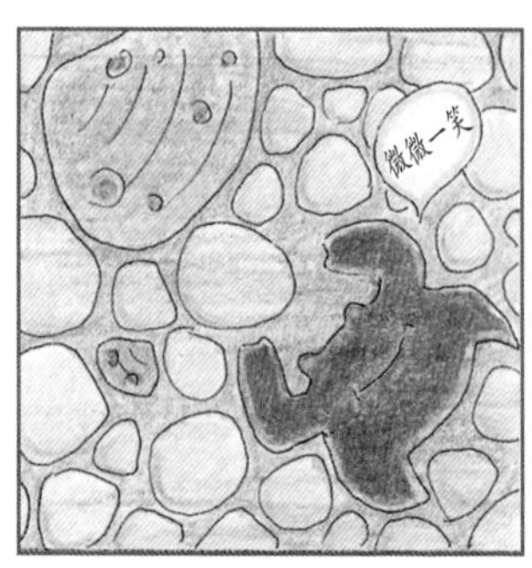

水族花纹瓷砖

柳汤

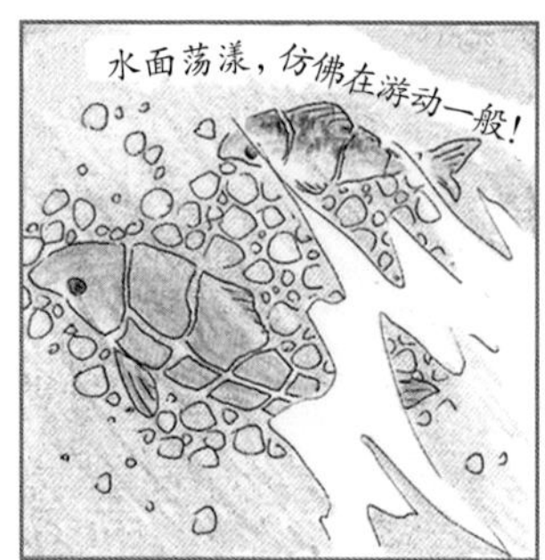

鱼花纹瓷砖

源汤、宝温泉

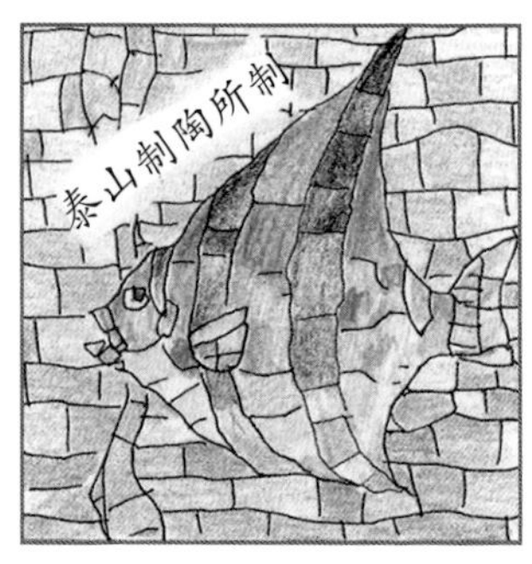

碎瓷砖拼贴画

别府汤

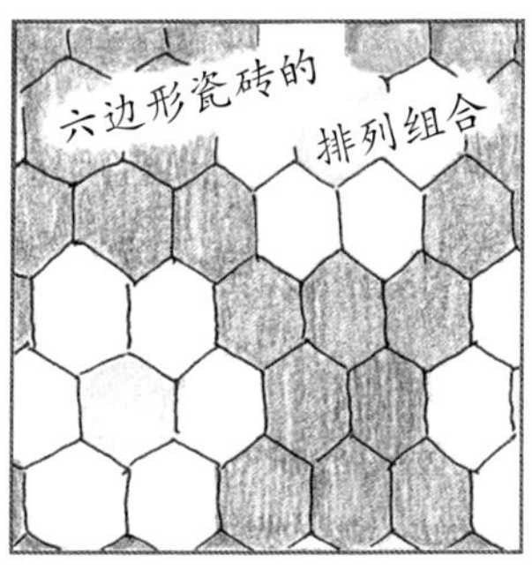

含羞花

岛原温泉、鸭川汤、玉之汤

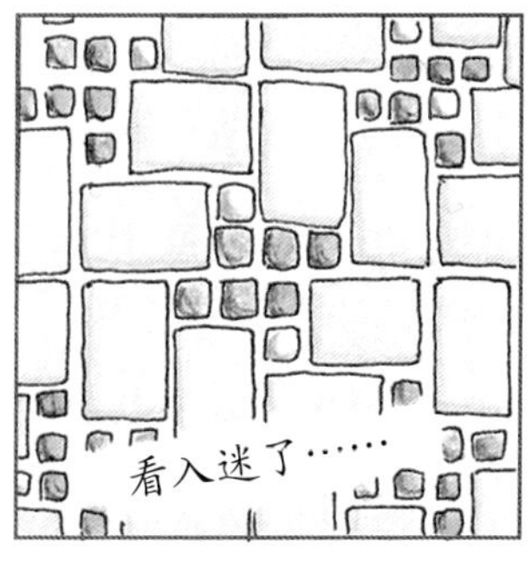

风车拼贴瓷砖

芋松温泉

马赛克瓷砖画

柳汤、大黑汤、源汤、泉汤
（专栏3）

带釉药绘的瓷砖画

松叶汤

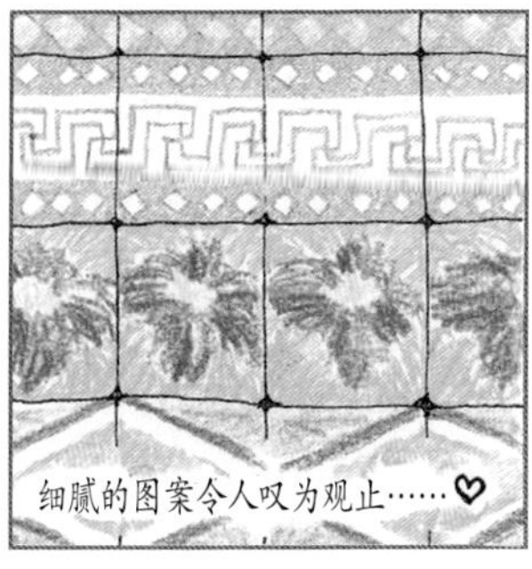

彩陶花砖

船冈温泉、萨拉萨西阵咖啡厅
（原藤森汤）

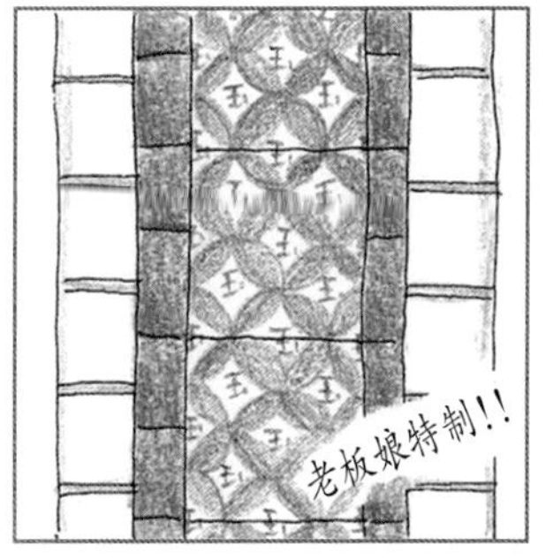

原创瓷砖

玉之汤

储物柜钥匙

闪闪发光的
看门人

大日之出

明治汤、樱汤（上七轩）

KING

芋松温泉、柳汤、源汤、鸭川汤

KING（黄铜制）

樱汤（河原町丸太町）

鸳鸯

锦汤、别府汤、船冈温泉、玉之汤

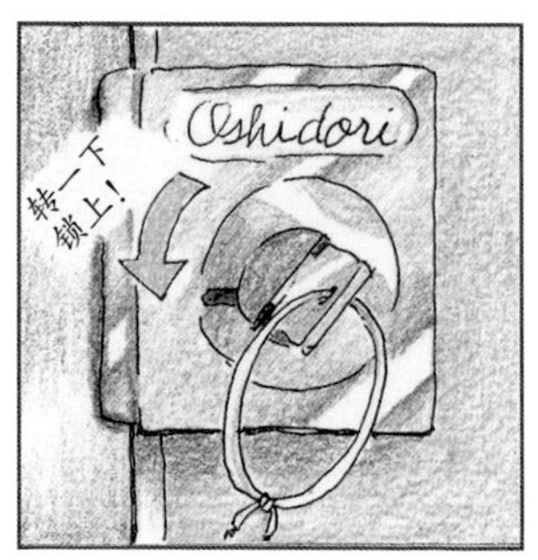

Oshidori*

大黑汤、船冈温泉、松叶汤、平安汤（男汤）

＊注：“鸳鸯”的日语发音。

纸鹤

岛原温泉、梅汤

无标识

岛原温泉

柜台

一切都从这里开始

糖果色木柜台

芋松温泉、柳汤、大黑汤、源汤、鸭川汤、樱汤（河原町丸太町）

皮革风高级感柜台

岛原温泉

简约现代风柜台

宝温泉、玉之汤

后记

谢谢您一直读到了最后！
嗡嗡
嗡
嗡
嗡
嗡嗡
羊羊的京都澡堂习俗，您看得还开心不？
嗡
爹毛啦！
喂喂喂！这个发型可是有点尴尬呢！
经过历时半年左右的采访和撰写，本书诞生啦！
特别感谢大家对采访的支持与配合！
能够听到各家钱汤的逸闻趣事，真是段特别有趣而且特别宝贵的经历。
不过，其中也有一些令人悲伤的事情。
我超喜欢的伏见泉汤老板的讣告……
当时我为了写这本书而打算去采访一下他。
葬礼会场就在泉汤的更衣室。
怀着他在天堂能够看到的愿望，我绘制了专栏（第60页）。
敬祈冥福
在其女儿的安排下，羊羊绘制的泉汤布局图被供在了灵堂当中

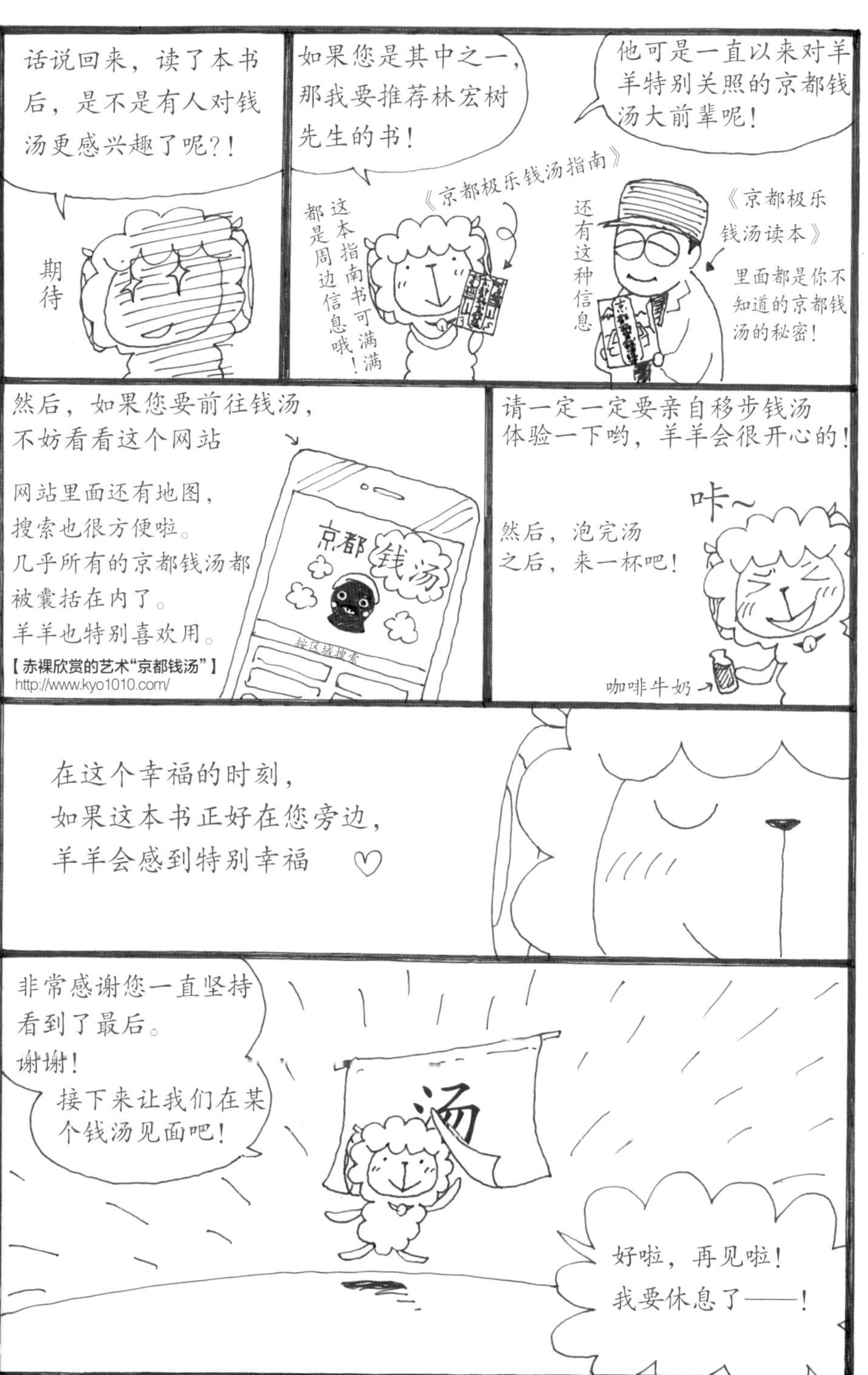

话说回来，读了本书后，是不是有人对钱汤更感兴趣了呢?!
期待
如果您是其中之一，那我要推荐林宏树先生的书！
这本指南书可满满都是周边信息哦！
《京都极乐钱汤指南》
他可是一直以来对羊羊特别关照的京都钱汤大前辈呢！
还有这种信息
《京都极乐钱汤读本》
里面都是你不知道的京都钱汤的秘密！
然后，如果您要前往钱汤，不妨看看这个网站
网站里面还有地图，搜索也很方便啦。几乎所有的京都钱汤都被囊括在内了。羊羊也特别喜欢用。
【赤裸欣赏的艺术“京都钱汤”】
http://www.kyo1010.com/
京都钱汤
按区域搜索
请一定一定要亲自移步钱汤体验一下哟，羊羊会很开心的！
咔~
然后，泡完汤之后，来一杯吧！
咖啡牛奶
在这个幸福的时刻，如果这本书正好在您旁边，羊羊会感到特别幸福♡
非常感谢您一直坚持看到了最后。谢谢！
接下来让我们在某个钱汤见面吧！
汤
好啦，再见啦！我要休息了——！

图书在版编目（CIP）数据

趣说京都澡堂习俗 /（日）大武千明著 ; 王丹阳译. —北京 : 北京美术摄影出版社，2022.9
ISBN 978-7-5592-0492-9

Ⅰ. ①趣… Ⅱ. ①大… ②王… Ⅲ. ①沐浴—文化研究—京都 Ⅳ. ①TS974.3

中国版本图书馆CIP数据核字(2022)第062873号

北京市版权局著作权合同登记号：01-2021-1804

责任编辑：于浩洋
责任印制：彭军芳

趣说京都澡堂习俗

QUSHUO JINGDU ZAOTANG XISU

［日］大武千明 著
王丹阳 译

出 版 北京出版集团
北京美术摄影出版社
地 址 北京北三环中路6号
邮 编 100120
网 址 www.bph.com.cn
总发行 北京出版集团
发 行 京版北美（北京）文化艺术传媒有限公司
经 销 新华书店
印 刷 雅迪云印（天津）科技有限公司
版印次 2022年9月第1版第1次印刷
开 本 880毫米×1230毫米 1/32
印 张 4
字 数 91千字
书 号 ISBN 978-7-5592-0492-9
定 价 45.00元

如有印装质量问题，由本社负责调换
质量监督电话 010-58572393